Jocelyne Fangain

CORSO COMPLETO DI GEOBIOLOGIA

Neutralizzare le geopatie
e l'inquinamento elettromagnetico
a casa e sul posto di lavoro

EDIZIONI
IL PUNTO
D'INCONTRO

Jocelyne Fangain
Corso completo di geobiologia
Titolo originale: *Cours complet de géobiologie*
Traduzione di Milvia Faccia

Prima edizione originale pubblicata nel 2015 da Éditions Trajectoire, groupe éditorial Piktos, Z.I. de Bogues, rue Gutenberg, 31750 Escalquens, France.
Prima edizione italiana pubblicata nel febbraio 2017. Ristampato a giugno 2025 da Edizioni Il Punto d'Incontro s.a.s., via Zamenhof 685, 36100 Vicenza, tel. 0444239189, fax 0444239266, www.edizionilpuntodincontro.it
Finito di stampare nel giugno 2025 presso LegoDigit, Lavis (TN).
Crediti immagini: in copertina yxowert/shutterstock e Nikonaft/shutterstock; p. 35 Artram/shutterstock.com; Franciscodiazpagador/istock.com; p. 46 Dugdax/shutterstock.com; p. 96 Glyph/shutterstock.com; p. 96 Phipatbig/shutterstock.com.

ISBN 978-88-6820-361-0

INDICE

TERZA PARTE

INTRODUZIONE

Tra il 430 e il 415 a.C. Ippocrate, il padre della medicina, scriveva nel trattato *Sulle arie, sulle acque e sui luoghi*: "Chi voglia perfezionare l'arte di guarire deve considerare le cause esterne che agiscono sull'essere vivente, in concorso con la sua specifica costituzione fisica. Dovrà tentare di definire l'influenza delle stagioni dell'anno e dell'azione degli astri, informarsi sulla qualità delle acque, verificare come il luogo è disposto in rapporto ai venti, agli inverni e ai tramonti del sole, indagare sullo stato dei suoli...".

Già a quell'epoca Ippocrate metteva in risalto la relazione tra l'uomo, la sua abitazione e l'ambiente.

È importante tenere a mente che l'uomo è un tutto. La sua salute fisica, morale e spirituale dipende da un insieme di fattori, i quali vengono ormai studiati alla luce delle scoperte e delle conoscenze di ricercatori e scienziati.

La vita è energia. È soggetta alle leggi di trasformazione, adattamento e mutazione. Attraverso l'ambito della geobiologia prenderemo in esame i fattori determinanti che esercitano influssi fondamentali sulla nostra salute. Questi ultimi fanno parte dell'ambiente nel quale ci evolviamo nel corso della nostra vita terrena e dei luoghi in cui soggiorniamo. Lo sapevate?

Alcuni esperti in geobiologia, tra cui uno dei più conosciuti ed eminenti, il dottor Ernst Hartmann, stimano che il 60 per cento circa delle malattie definite "della civiltà" e quasi l'80 per cento dei tumori sarebbero dovuti a perturbazioni o anomalie elettromagnetiche dei luoghi in cui viviamo! Ciò corrisponde agli squilibri cosmo-tellurici che li caratterizzano.

Numerosi sono i disturbi classificati nella categoria "psicosomatica" dalla medicina moderna, ma che in realtà sono dovuti soltanto a fattori nocivi ambientali causati da inquinamento elettrico ed elettromagnetico, oppure di origine naturale come i materiali da costruzione, o di natura molto più sottile e meno conosciuta: le onde di forma, il permanere di antiche maledizioni, la memoria dei muri, dei luoghi o degli oggetti energeticamente caricati, opere occulte ecc.

Quanti mal di testa, palpitazioni cardiache, sudori notturni anomali, stati di angoscia, depressione o a volte perfino confusione mentale, sono in realtà dovuti unicamente ai luoghi e/o alle condizioni nelle quali viviamo?... Senza contare l'insonnia, la stanchezza cronica, l'asma, i reumatismi, i disturbi nervosi, le perdite di memoria, l'aggressività, il mal di schiena e così via.

In effetti, oggi noi viviamo in permanenza immersi nell'inquinamento elettromagnetico con le onde hertziane di radio e telecomunicazioni, radar, satelliti, telefoni cellulari, radiosveglie, forni a microonde, computer o anche semplicemente una messa a terra difettosa...

Quest'opera vi permetterà di scoprire, sfogliandone le pagine, la scienza definita "geobiologia", le diverse fonti di perturbazione e di nocività di un luogo, capaci di trasformare un ambiente familiare in una trappola talvolta mortale o comunque molto pericolosa, e di individuare le misteriose interferenze della fisica microvibratoria sull'energia vitale che ci anima. Imparerete che, prima di porre le fondamenta o di costruire la vostra casa, è necessario prendere alcune precauzioni.

Nel caso la vostra abitazione sia nociva o malefica, saprete riconoscere con quali tipi di aggressioni avete a che fare e troverete i rimedi da utilizzare per neutralizzarle o proteggervi da esse.

Sappiate che il ruolo del geobiologo è insieme preventivo e curativo.

Il ruolo preventivo è indiscutibilmente il più interessante e il più efficace. Permette di evitare le conseguenze più sfavorevoli sugli abitanti di un luogo nocivo al livello della salute fisica e mentale, ma anche nella vita quotidiana (evoluzione professionale, affettiva e spirituale).

È utile altresì affinché colui o colei che fa intervenire un geobiologo diventi davvero attore del mantenimento della propria salute, se ne faccia carico e ne assuma la responsabilità. Questa attitudine è molto benefica per trovare l'armonia con il luogo in cui si vive.

Di sicuro, il ruolo terapeutico è spesso più complesso perché tardivo, e può rivelarsi un insuccesso. I casi disperati esistono, ma sono rari. Si possono ipotizzare soluzioni concernenti il luogo, sperando semplicemente che l'occupante non faccia appello a un geobiologo dopo avere esaurito tutte le opzioni terapeutiche, e che la sua salute non sia troppo alterata da una nocività troppo grave del luogo in cui vive.

Come ogni altra scienza o terapia, anche la geobiologia ha dei limiti. Il geobiologo è in grado di dare risposte e soluzioni, fornire informazioni e consigli, mostrare chiaramente la situazione e permettere di prendere le decisioni migliori.

Egli adempie anche al ruolo di risvegliare lo spirito e di suscitare una presa di coscienza in rapporto all'influenza delle energie invisibili e nocive dell'ambiente sugli esseri viventi. In alcuni casi non può risolvere da solo tutti i problemi e deve sfruttare altre competenze attraverso architetti, elettricisti, psicoterapeuti, medici, naturopati ecc., dal momento che lo scopo è quello di permetterci di ritrovare calma, serenità, benessere e salute all'interno del nostro habitat.

Apriremo insieme la misteriosa porta chiamata "geobiologia" per scoprire un mondo vibratorio nuovo e sorprendente, che ci riguarda tutti.

PRIMA PARTE

1. DEFINIZIONE DI GEOBIOLOGIA

Da un punto di vista etimologico, questo termine ha due radici: *geo*, "terra", e *bio*, "vita". Quindi, è la scienza che studia i luoghi in cui viviamo e la loro influenza sulla vita. Per estensione, è la ricerca e lo studio di tutte le fonti di irradiazione nociva sulla salute di ogni essere vivente su questa Terra.

In senso generale, la geobiologia fa prendere coscienza dei problemi energetici della terra e dell'uomo attraverso i regni e gli elementi.

In senso universale, è nata con il pianeta, poiché in origine l'uomo aveva con la terra un rapporto di condivisione basato sull'armonia e stabilito secondo un principio di equilibrio.

Il principio si esprime attraverso la terra e il cosmo; *kosmos*, in greco, esprime all'origine questa idea di armonia e organizzazione.

Gli antichi ritenevano che il luogo dove costruire una casa o erigere un edificio spirituale non dovesse essere scelto a caso, ma tenendo conto di un certo numero di parametri, come la natura del sottosuolo, la presenza di faglie, di correnti d'acqua ecc.

Le basi attuali della geobiologia sono state poste nel corso del XX secolo.

In Francia, nel 1920, Jacques Couëlle ha cominciato a porre le premesse dell'architettura geobiologica (influenza del suolo, delle forme, dei materiali, dei colori e così via). Più o meno nella stessa epoca il dottor François Peyré iniziava le sue ricerche sulle reti geomagnetiche, sulle quali torneremo nel corso del libro. Dobbiamo citare anche il dottor Jean Picard di Moulins, nell'Allier. Questi aveva osservato che in alcuni quartieri della sua città l'incidenza delle patologie cardiovascolari e dei tumori era maggiore che in altri: più il sottosuolo presentava anomalie (correnti d'acqua, faglie, radioattività), più la frequenza delle malattie aumentava.

Alcune opere intraprese prima della seconda guerra mondiale in Francia, Svizzera e Germania hanno rivelato l'esistenza di una griglia geomagnetica che copre la superficie terrestre come una rete. Fu il dottor Hartmann (1915-1992) a conferire alla geobiologia il rango che merita. Egli dimostrò l'esistenza di una rete tellurica che si estende su tutto il pianeta, denominata "rete H", la quale permette di determinare i nodi di Hartmann e i punti geopatogeni (che avremo modo di studiare nel prosieguo di quest'opera).

Ricordiamo che l'edizione del 2003 del dizionario Hachette ha inserito il termine "geobiologia" con una definizione restrittiva: "studio dell'effetto delle correnti telluriche sugli esseri viventi".

Come potrete constatare in seguito, questa scienza si è molto evoluta e fa ormai appello ad altri settori del sapere, come la geologia, la geofisica, l'idrologia, la biologia e l'elettronica, nonché a pratiche più tradizionali come l'arte della rabdomanzia e la radiestesia.

◇ Da ricordare

La geobiologia è lo studio di tutti i fenomeni vibratori che ci circondano e che incidono sulla nostra salute e sul nostro comportamento, fenomeni validi per tutte le cellule viventi, sia che appartengano all'uomo, agli animali o alle piante.

◇ Da sottolineare

La geobiologia è interessante per la prevenzione di certi disturbi o patologie; inoltre, essa è una vera e propria medicina dell'habitat, secondo quanto afferma Jacques de la Maya nell'opera che reca lo stesso titolo (edita da Dangles).

2. L'UOMO, I SUOI DIVERSI CORPI ENERGETICI E IL SUO AMBIENTE VIBRATORIO

La vita che ci anima è protetta da diversi involucri:

- il primo è costituito dalla nostra epidermide e, per estensione, dal nostro involucro fisico, esso stesso composto da diversi corpi;
- il secondo è rappresentato dai vestiti, che dovrebbero avere il ruolo di una seconda epidermide, con una funzione di regolazione termica, idrometrica ed elettrostatica;
- la nostra abitazione dev'essere considerata una terza pelle, poiché adempie allo stesso modo a una funzione di involucro protettore.

Questi tre rivestimenti hanno una notevole importanza nella nostra esistenza.

Alcuni specialisti – medici, ricercatori, fisici – concordano nell'affermare che la nostra salute fisica e mentale è strettamente legata alla qualità degli involucri.

Da ricordare

È importante essere a proprio agio nei tre involucri, e in particolare nella propria abitazione.

L'uomo, questo sconosciuto. Esaminiamo il suo funzionamento energetico al fine di comprendere meglio le conseguenze dell'ambiente sulla sua energia.

La vita è energia che ci anima e che è fondamentale assorbire. È quella che ci mantiene in buona salute e ci consente di difenderci dalle aggressioni di ogni tipo, fisiche e psichiche.

È necessario affrontare il funzionamento energetico dell'essere umano in relazione ai suoi tre corpi:

- il corpo fisico;
- il corpo energetico;
- il corpo informatico.

A. Il corpo fisico

L'essere umano è fatto di materia. Quest'ultima può essere toccata, pesata, misurata e vista. Le cellule del suo corpo sono composte di molecole, realizzate a partire da atomi creati da particelle quantiche.

Per mantenersi in buona salute, il corpo deve godere di:

- un'alimentazione sana, variata ed equilibrata;
- un'attività fisica regolare, al fine di facilitare l'ossigenazione e stimolare le funzioni di assimilazione ed eliminazione;
- un buon funzionamento psichico (da non trascurare), secondo la ben nota espressione: "mente sana in corpo sano".

B. Il corpo energetico

L'essere umano è provvisto non soltanto di un corpo fisico, carnale, ma anche di un involucro invisibile. Questo secondo corpo può essere percepito soltanto da esseri dotati di una particolare capacità visiva extrasensoriale.

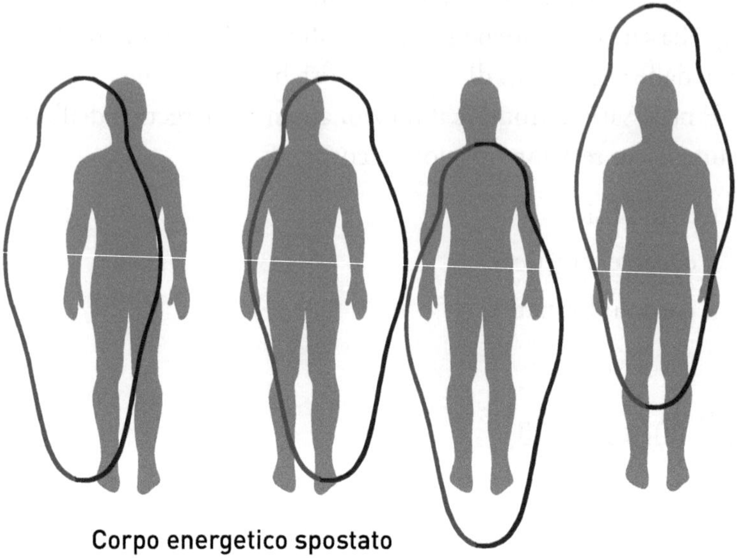

Corpo energetico spostato

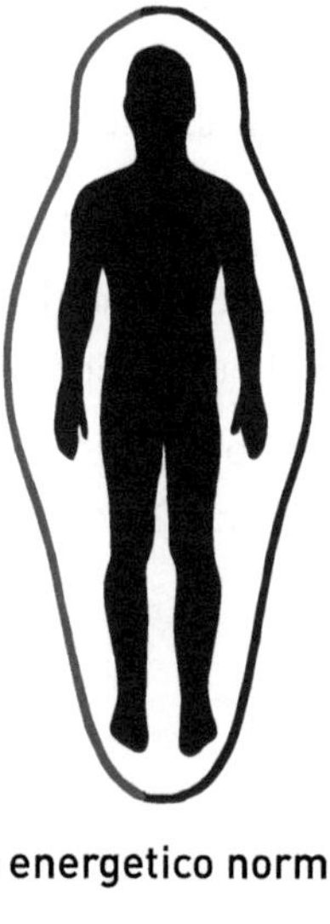

Corpo energetico normale

Misurazioni scientifiche come la foto Kirlian (ad alta frequenza) o la spettroscopia (a bassa frequenza) permettono di fotografare questo corpo. Tali procedimenti sono utilizzati da alcuni medici per formulare o confermare una diagnosi. Ciò permette anche di seguire l'evoluzione di una patologia e l'efficacia di un trattamento.

Questo corpo alquanto particolare è il campo elettromagnetico che emana dal corpo fisico.

Qui di seguito troverete diversi esempi di dislocamento del corpo energetico in rapporto a quello fisico sotto l'effetto di micro-energie nocive. In conseguenza delle loro direzioni, il corpo energetico si sposta verso l'alto, verso il basso, a sinistra o a destra.

◇ Da sottolineare

Quando parliamo di campo elettromagnetico, intendiamo alludere anche alla circolazione dell'energia.

◇ Ulteriore annotazione

La patologia colpisce innanzitutto il campo elettromagnetico, il corpo energetico del paziente, per poi comunicarsi al corpo fisico.

Lo studio del corpo energetico ci informa in maniera precisa sull'eventuale insediarsi di una patologia. È un ottimo strumento di diagnosi preventiva. Il corpo energetico che circonda quello fisico è molto sensibile alle influenze dell'ambiente. Esso dev'essere ben centrato sull'asse della colonna vertebrale. Se risulta decentrato, è perché un elemento interno o esterno esercita un'azione energetica sfavorevole.

La qualità vibratoria del nostro ambiente ha un ruolo fondamentale e potrebbe essere la causa di tale spostamento.

Citiamo un esempio sul quale torneremo più avanti. Un filo

elettrico sotto tensione (alimentazione di una radiosveglia, di una lampada da notte o di una catena hi-fi), che corre parallelamente al letto, a 25 cm da chi sta dormendo, è destinato a disturbare il corpo energetico della persona.

La frequenza di 50 hertz della corrente elettrica a 220 volt, veicolata dal campo elettromagnetico del filo elettrico, va a colpire il corpo energetico del dormiente, che si sveglierà spossato.

Sotto l'influsso dell'aggressione del campo elettromagnetico dell'elettricità, il corpo energetico o "aura" si contrae e perde energia.

È l'"aura" dell'elettricità che respinge l'"aura" del dormiente, e questi si sveglia con il corpo energetico non più centrato. Se la situazione si riproduce regolarmente, cominceranno ad apparire disturbi come emicranie, vertigini ecc.

Come vedremo più oltre, disturbi più importanti potranno manifestarsi a seguito dell'esposizione del corpo energetico ai campi magnetici terrestri o a micro-energie di origine diversa come faglie geologiche, corsi d'acqua, passaggi sotterranei o correnti telluriche.

Oltre alla perturbazione energetica, interviene anche il fattore di informazione. Questa informazione patogena viene veicolata su un campo elettromagnetico nocivo, per poi essere recepita e trasformata dal corpo informatico.

C. Il corpo informatico, chiamato anche "corpo astrale" o "corpo spirituale"

La vita è informazione trasmessa alla materia attraverso il canale dell'energia.

L'essere umano è un ricevitore-trasformatore-trasmettitore di informazioni. Le capta nel suo ambiente e le trasforma. Tale alchimia si produce a livello non solo dei neuroni, ma di tutte le cellule del corpo. Sono le particelle degli atomi a captare direttamente le informazioni. La trasformazione dei dati giunti dall'esterno è in stretto rapporto con la qualità vibratoria dell'energia di un essere.

In sintesi, la salute o la malattia interessano in primo luogo il nostro corpo informatico, prima di essere trasmessa al corpo energetico. È soltanto in seguito che si manifestano disturbi o patologie a carico del corpo fisico.

Ciò lascia intravedere tutte le possibilità offerte all'essere umano per mantenersi in buona salute.

La nostra abitazione dovrebbe costituire la continuità dei nostri diversi corpi, perché per realizzarsi armoniosamente devono trovarsi in un ambiente che corrisponde al loro stato vibratorio.

La natura dei materiali utilizzati, le forme dell'architettura, l'orientamento, la concezione della casa, la sua collocazione geografica e altri fattori che affronteremo negli altri capitoli del libro determinano tale stato vibratorio e introducono nell'habitat un'atmosfera di benessere o di malessere.

◇ In conclusione

L'abitazione dev'essere il prolungamento armonioso dei nostri diversi corpi, e deve rispondere alle esigenze e alle aspirazioni di questi ultimi.

D. Analogia con la nostra abitazione e individuazione dei suoi tre corpi

I materiali da costruzione dell'essere umano sono principalmente il suo scheletro e tutti gli elementi chimici che lo compongono, tra cui le proteine.

Il corpo fisico dell'abitazione è composto, a livello della sua struttura, dalle pareti, dal tetto, dai soffitti... quindi da mattoni, cemento, masse metalliche, fili elettrici, rivestimenti murari e pavimenti. Tutto ciò fa parte del suo corpo fisico.

Per quanto concerne questo corpo fisico, ci interesseremo in un prossimo capitolo alle diverse strutture molecolari dei vari materiali utilizzati e alle loro conseguenze sulla salute degli abitanti.

L'analisi di tutti questi elementi ne mette in risalto un altro: l'energia.

Essa costituisce il corpo energetico della casa.

Questa energia può essere favorevole o sfavorevole per il normale funzionamento dell'organismo umano, per il tramite di diverse fonti: la qualità biotica dei materiali, le correnti telluriche nocive, le radiazioni dei corsi d'acqua sotterranei, delle faglie, delle emissioni di radon, quelle delle forme e anche altri elementi più sottili come i colori utilizzati ecc. Tutto ciò verrà dettagliato nei capitoli successivi.

Il terzo corpo dell'abitazione è il corpo informatico.

In realtà anch'esso, per il tramite dei suoi materiali, va a captare "il vissuto" del luogo e a immagazzinare le informazioni. Per esempio, il vissuto degli esseri che vi hanno dimorato (positivo o negativo), i loro atti, le parole, i pensieri e i sentimenti... Questi elementi verranno affrontati nel capitolo sulla "memoria dei muri".

Come si può constatare, esiste un'analogia sorprendente e

non senza conseguenze fra i tre corpi dell'essere umano e del suo habitat. Si produce un fenomeno di compensazione tra il potenziale energetico dell'uomo e quello del luogo in cui vive: una sorta di esempio di "vasi comunicanti".

Dal momento che la massa molecolare di un'abitazione è molto maggiore di quella dell'essere umano, sarà la casa a imporre la sua frequenza.

Due sono le ipotesi proposte:

- essa può apportare energia,
- oppure assorbirla, vale a dire "drenare" l'energia vitale dai suoi abitanti.

E. Il potenziale energetico delle persone e dei luoghi

Cos'è esattamente? Potenziale energetico oppure tasso vibratorio? Il significato è identico. Tutto ciò che vive su questa terra emette onde e possiede un potenziale energetico evolutivo, dalla nascita alla fine della sua esistenza. Questo potenziale è misurabile, in particolare per opera dei radiestesisti che utilizzano a tal fine uno strumento chiamato "regolo" o "biometro di Bovis" e un pendolo.

André Bovis era un fisico molto interessato ai fenomeni radiestesici; dopo l'ultima guerra trasse ispirazione da un collega, Anders Angström, per mettere a punto questa famosa scala.

Angström, fisico svedese, studiò gli effetti del calore e del magnetismo, e soprattutto si appassionò all'ottica. Oltre a numerosi notevoli lavori, diede il suo nome a un'unità di misura per le lunghezze d'onda: "l'unità angström" o "millimicron" che equivale a un decimo di micron.

Torniamo ad André Bovis, il quale permise ai radiestesisti,

con l'aiuto di un semplice pendolo-ricevitore, di misurare il potenziale vibratorio di un essere vivente. È la ragione per la quale viene utilizzato l'appellativo "biometria". "Bio" significa vita. I regni viventi sono il minerale, il vegetale, l'animale e l'umano.

È il tasso vibratorio di un essere vivente a orientarci quanto al suo stato di salute, nel momento della ricerca. Infatti, secondo l'attività esercitata o il luogo in cui viviamo, il tasso vibratorio delle nostre cellule si modifica.

A titolo di esempio, una vita sana all'aria aperta, un soggiorno in un luogo salubre, un lavoro di molte ore seduti davanti al computer o una notte trascorsa in un luogo perturbato da energie nocive non potranno accordare la stessa vitalità!...

André Bovis ha preso come vibrazione media quella di un uomo in buona salute, vale a dire le lunghezze d'onda di colore rosso aranciato dello spettro elettromagnetico. Questa lunghezza d'onda è di 6500 angström. Dal momento in cui il suo tasso vibratorio scende sotto i 6500 angström, una persona è già malata oppure si prepara a esserlo. Esaminiamo questo regolo o biometro di Bovis.

La base del regolo è costituita da due linee parallele, sulle quali possiamo leggere misure che variano da 0 a 10.000 angström. Ricordiamo che l'unità di misura del tasso vibratorio è "l'unità angström" o "millimicron".

Il regolo si utilizza da sinistra a destra, per leggere le misure ricercate. L'oggetto della ricerca viene posto a sinistra del regolo, a livello 0.

Per un essere umano è sufficiente poggiare la mano in questo punto, consentendo in tal modo all'operatore di collocare il pendolo al livello 0. Lo stesso vale per ogni altro elemento da misurare.

Secondo l'ipotesi sulla vita di SIMONETON e le opere di A. BOVIS

L'unità di valore da 0 a 10.000 si chiama "unità Bovis" (u.B.).

Questo regolo permette di misurare il tasso vibratorio degli oggetti, degli alimenti, dei medicinali, delle persone e dei luoghi.

L'utilizzo dei regoli in radiestesia (Bovis, geodinametro ecc.) prevede il seguente metodo:

lanciare il pendolo perpendicolarmente al regolo al livello 0 e osservare la modifica dell'angolo di movimento del pendolo. Accompagnare quest'ultimo in obliquo verso destra o verso sinistra finché non ritrova un'oscillazione perpendicolare che darà la misura cercata.

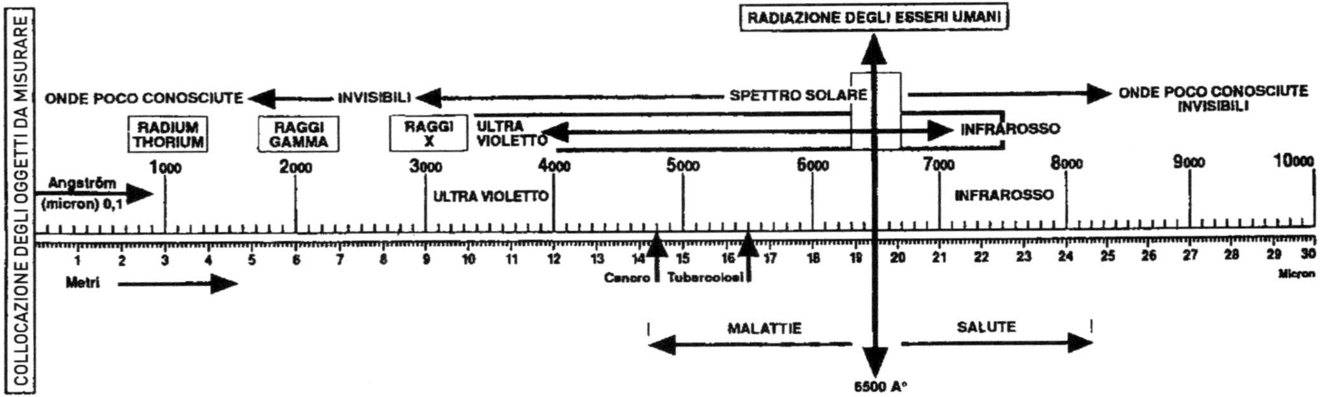

A cosa corrispondono queste misure poste sulla base del regolo e quali informazioni ne possiamo trarre? Per gli esseri umani e gli animali, il livello 0 corrisponde a un'assenza vibratoria cellulare totale, vale a dire la morte.

Più si avanza verso destra del regolo e più l'energia è presente. Essa è stata deliberatamente limitata a 10.000 angström. La media generale statistica di un'energia eccellente (buona salute) si colloca intorno agli 8000-9000 angström. Sul regolo possiamo scoprire un tratto perpendicolare che lo attraversa in un punto ben preciso che segna i 6500 angström, delimitando in tal modo la frontiera tra le nozioni di salute e malattia.

Su questo regolo troveremo anche diversi tipi di onde conosciute, positive o negative a seconda della rispettiva collocazione sulla scala. Per esempio, le onde "infrarosse", che misurano circa 7500 angström, sono ben note e utilizzate in medicina come antinfiammatori e decontratturanti muscolari.

Gli "ultravioletti", situati a circa 3500 angström, sono antisettici in quanto distruggono batteri e microbi aerobi. Se però sono male utilizzati, i raggi ultravioletti possono provocare ustioni e tumori cutanei. In questo caso preciso, una simile irradiazione comporta una riduzione della vitalità umana. La modalità di impiego di questo "regolo di Bovis" figura nella mia opera *Corso completo di radiestesia medica.*

È necessario essere consapevoli del fatto che tra il luogo di abitazione e chi in esso vive si opera un vero e proprio transfert energetico.

◇ Da sottolineare

Quando abbiamo un tasso vibratorio tra 7000 e 8500 angström, ci troviamo in un luogo positivo con buone vibrazioni. Prenderemo energia da questo luogo che, di conseguenza, potrà rigenerarci. Il nostro specifico tasso vibratorio aumenterà.

Per un luogo negativo, con un tasso inferiore ai 6500 angström (anche i luoghi sono misurabili con il regolo, vedi oltre per uno schema di riferimento), accade il contrario, ed esso assorbirà la nostra energia.

◇ Da sottolineare

Le persone che vivono in luoghi negativi si svegliano stanche.

Quando dormiamo, il nostro corpo perde i due terzi della sua resistenza alle aggressioni esterne. È più vulnerabile. È la ragione per la quale la geobiologia dà grande risalto alle camere da letto delle abitazioni.

In precedenza ho affermato che anche i luoghi sono misurabili sul piano vibratorio. In un'abitazione, la media statistica deve collocarsi intorno ai 6000-6500 angström per consentire agli occupanti di vivervi nelle migliori condizioni vibratorie.

Ciò è misurabile attraverso la radiestesia con l'aiuto di un pendolo e una figura geometrica a forma di semicerchio sulla quale vengono indicate le diverse misure vibratorie. Si tratta del metodo di radiestesia oscillatoria.

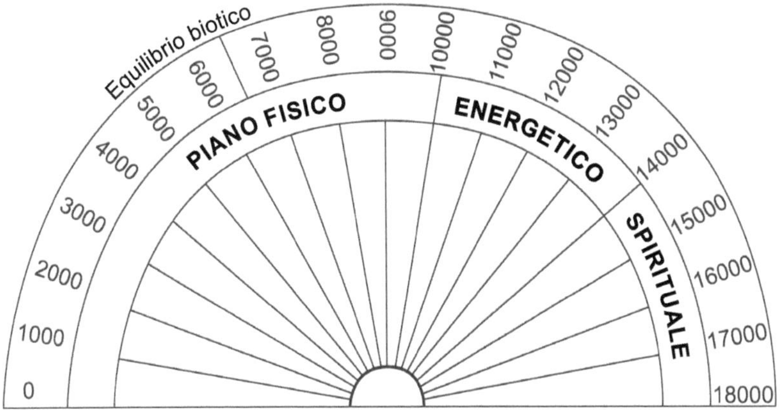

La radiestesia oscillatoria fa appello al concetto delle onde emesse dalle forme.

Le onde di forma sono microvibrazioni generate dalle forme; appartengono al mondo fisico degli oggetti e soprattutto alle forme geometriche.

Nel caso della radiestesia oscillatoria, la figura geometrica utilizzata è un semicerchio diviso in raggi uguali a partire dal centro della base, al fine di ottenere divisioni uguali che permettano di integrarvi gli elementi della nostra ricerca e di ottenere un movimento oscillatorio del pendolo al momento della ricerca.

Il metodo di utilizzo della radiestesia oscillatoria si trova nella mia opera *Corso completo di radiestesia medica.*

La determinazione del potenziale energetico dell'habitat e di quello dei suoi abitanti costituisce il punto di partenza di una ricerca più approfondita del geobiologo. È una vera e propria "auscultazione vibratoria" indispensabile e benefica, tanto per l'habitat quanto per i suoi occupanti.

SECONDA PARTE

LE DIVERSE FONTI DI ONDE NOCIVE

1. IL TELLURISMO

Cosa possiamo dire esattamente della circolazione delle energie terrestri e delle loro influenze sugli esseri viventi?

Come accade per il corpo umano, le energie circolano a livello del globo terrestre, da cui l'appellativo di "tellurismo" o di "correnti telluriche".

La nostra "Madre Terra" è un "corpo vivente" in analogia con il corpo umano. Se ci riferiamo alle leggi dell'agopuntura, vi ritroviamo zone preferenziali, nodi di energia amplificata e i meridiani che corrispondono alle radiazioni telluriche. Da tali nodi emanano influenze.

Esiste un'altra analogia tra l'agopuntura e la geobiologia: i meridiani tellurici filtrano attraverso la materia terra, seguendo le stesse leggi della bipolarità, dei cicli e della sistematica.

Nella topografia del corpo umano e per i meridiani principali, ciò che è valido per un lato del corpo lo è anche per l'altro. Per ciò che riguarda la terra, queste correnti di energia sono simmetriche e identiche sui due emisferi.

Già molto tempo fa i nostri antenati avevano conoscenza delle radiazioni emesse dalla Terra. Citiamo qualche esempio.

Il pastore passava la mano sul suolo al fine di determinare il punto favorevole per sedersi nelle vicinanze del suo gregge. Attraverso questo contatto era altresì in grado di percepire le vibrazioni nocive o benefiche. Gli apicoltori facevano appello ai maghi incaricati di rilevare il punto migliore in cui collocare le arnie, affinché le api assicurassero un maggiore rendimento e un miele di qualità ottimale. Anche in Cina, più o meno duemilacinquecento anni fa, una casa non veniva edificata se non dopo un attento studio del luogo e dell'ambiente da parte di un maestro di feng shui (vento e acqua), che aveva il compito di armonizzare gli uomini con il loro ambiente. Nelle nostre campagne, numerose dimore antiche sono state edificate in questo modo e in seguito, dalla fine della seconda guerra mondiale, la ricerca si è sviluppata con la scoperta di una rete definita "tellurica" da parte di un medico tedesco: il dottor Ernst Hartmann.

A. La rete di Hartmann

La rete geomagnetica di Hartmann si presenta come una suddivisione a scacchiera tutto intorno al globo. È facile immaginare una vasta rete di energia poggiata sull'intera superficie del pianeta, a formare quella che viene definita anche "rete H" o "rete globale".

Quali sono le sue caratteristiche?

La rete si presenta come una struttura di radiazioni che si innalzano verticalmente dal suolo, come muri invisibili e radioattivi, ciascuno dei quali ha uno spessore di ventuno centimetri.

In direzione nord-sud ce n'è uno ogni due metri, e da est a ovest ogni due metri e mezzo.

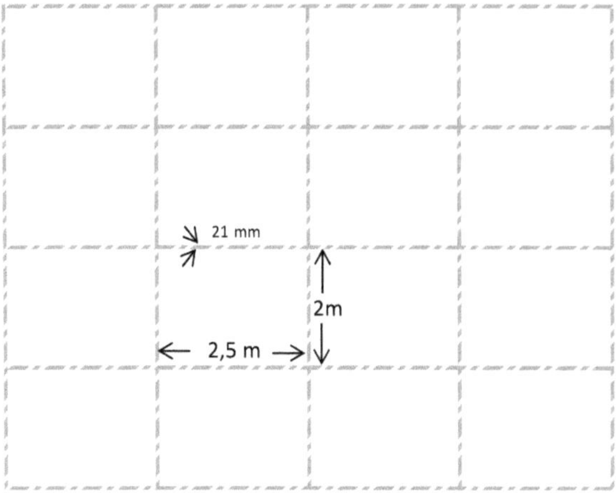

Rete di Hartmann

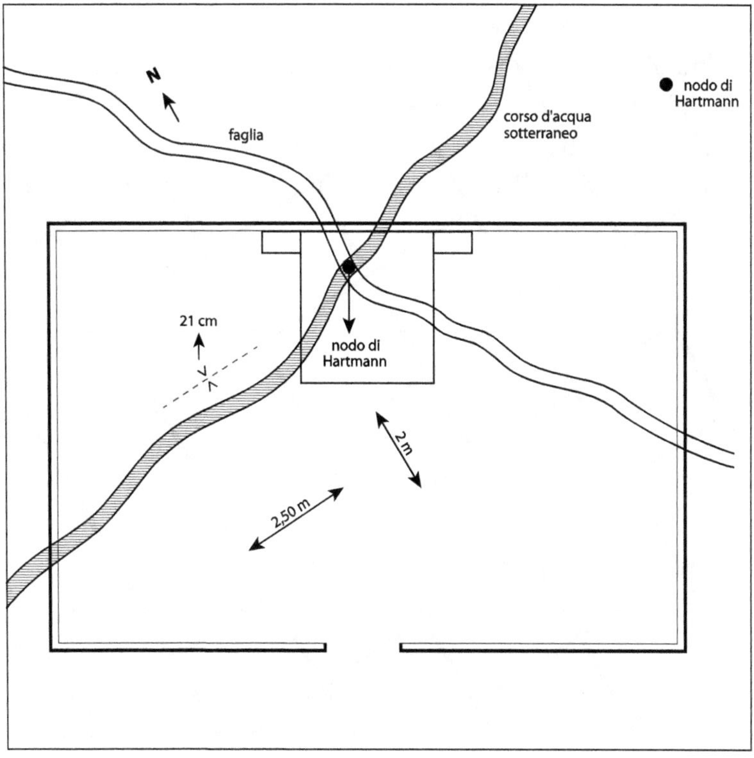

Rete di Hartmann con il posizionamento di una camera, la collocazione del letto e il passaggio di una faglia e di un corso d'acqua.

◇ Da sottolineare

A livello di questa rete H, laddove vi sia un incrocio dei due raggi o un nodo di Hartmann si troverà di frequente un punto geopatogeno con grande rilevanza sulla salute di un essere umano.

È importante ricordare che tali linee della rete di Hartmann veicolano le informazioni telluriche.

Se, in particolare, due bande della rete vengono a incrociarsi sulla verticale di un corso d'acqua o di una faglia geologica, in quel luogo preciso c'è un punto geopatogeno da cui emanano microvibrazioni nocive per ogni essere vivente.

Il lavoro del geobiologo consiste nell'individuare tali punti al fine di evitare il posizionamento su di essi di una zona di relax, di riposo, di lavoro ecc.

Più oltre vedremo l'impatto di tali microvibrazioni sulla natura, sugli animali e sugli esseri umani.

Come rilevare la rete di Hartmann? Le linee della rete "H" possono essere individuate con l'aiuto di un'antenna messa a punto dallo stesso dottor Hartmann.

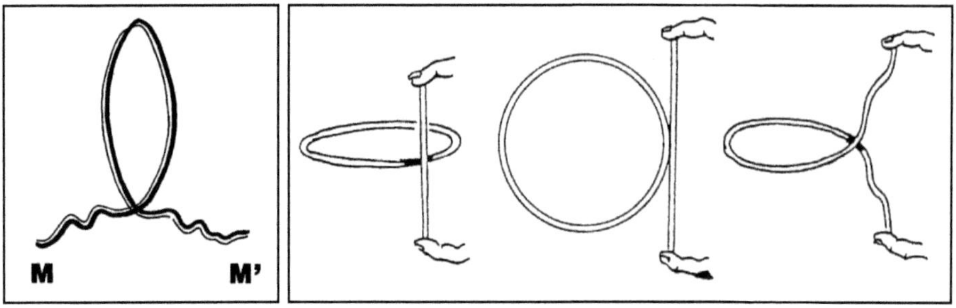

Schema della lobo-antenna
Strumento di rilevazione della rete di Hartmann

Tenendo in mano la lobo-antenna, il geobiologo cammina in direzione dell'incontro con la linea della rete. Può anche tracciare a terra la rete al fine di determinare la collocazione degli incroci o nodi.

È possibile anche rilevare con precisione questi punti tellurici nocivi con l'aiuto dell'antenna di Lecher, di cui parlerò più oltre.

Innanzitutto, però, intendo accennare all'esistenza di altre reti.

B. La rete di Curry o rete diagonale

Meno nota, ma non per questo trascurabile.

Secondo il dottor Curry (della Germania), una rete diagonale interferisce con la rete globale del dottor Hartmann. Le sue suddivisioni misurano circa otto metri per otto, è orientata in diagonale rispetto alla "H", in senso nord-ovest/sud-est e nord-est/sud-ovest.

◇ Da sottolineare

I punti tellurici particolarmente nocivi si collocano sulla verticale di un'intersezione di un nodo "H" o di un nodo Curry su una faglia geologica o un corso d'acqua sotterraneo.

Questo incrocio viene denominato dai geobiologi "punto stella".

La rete Peyre

I raggi Peyre sono stati segnalati dal 1937 al Congresso internazionale della stampa scientifica. La nocività degli incroci era già stata annunciata. Questa rete era denominata anche "suddivisione Peyre".

In base alle conclusioni del dottor Larvaron, la natura di tale rete sarebbe elettromagnetica. La rete è imperniata sui punti cardinali (nord-sud, est-ovest) e forma riquadri di circa sette metri per sette.

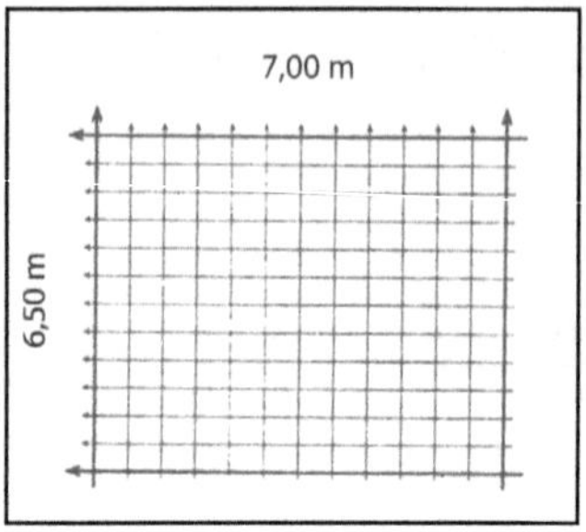

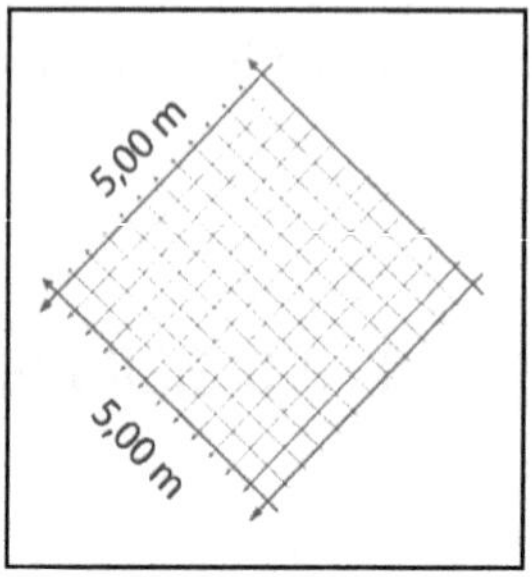

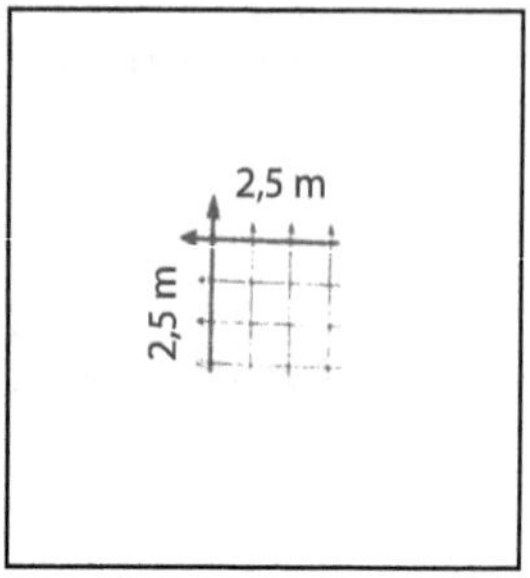

C. Le faglie geologiche

Quando nel sottosuolo si manifesta una frattura a livello degli strati geologici, accompagnata da uno spostamento laterale o verticale dei blocchi, si produce una faglia.

Quest'ultima, quando viene interessata da acque sotterranee, veicola del radon (di cui parleremo più avanti).

La faglia possiede la proprietà di intensificare le radiazioni gamma. Conviene evitare questa ubicazione per collocare un letto, una poltrona ecc. Ma la faglia può essere situata anche in corrispondenza con un incrocio della rete "H", e in questo caso si deve ipotizzare un punto geopatogeno che dovrà essere rilevato con l'aiuto di un geobiologo.

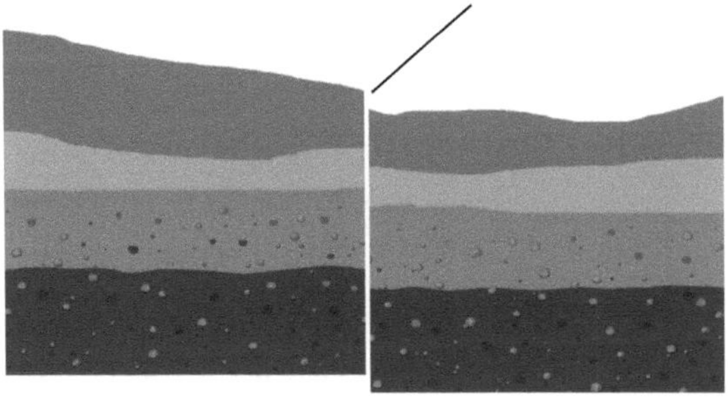

Schema di una faglia

◇ Come rilevare la faglia?

Il geobiologo utilizza una sorta di bacchette, le "rade-master" o antenne parallele, composte da impugnature indipendenti per posizionare le mani, e da bastoncini metallici. Esse costituiscono degli amplificatori che permettono di individuare con precisione il tracciato di una faglia geologica, di una vena d'acqua, di una cavità nella terra o un sotterraneo in funzione dell'orientamento della ricerca. Possiedono una perfetta mobilità e indipendenza. L'operatore le mantiene parallelamente al corso della ricerca, ed esse si incrociano per indicare il punto cercato. Possono anche aprirsi sul tragitto di una faglia e in tal modo indicarne la direzione.

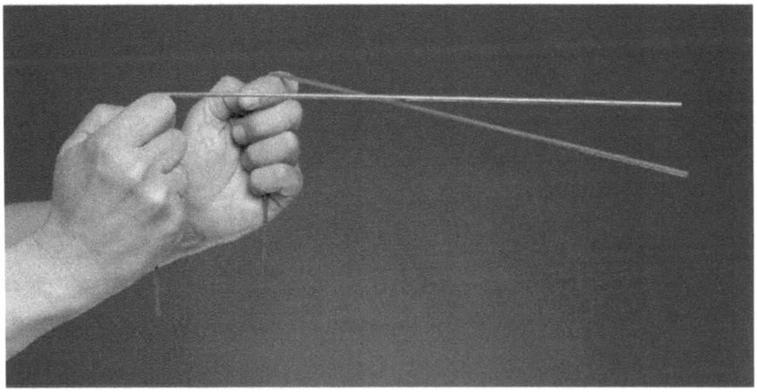

Le rade-master, per il rilevamento di acqua, cavità, faglie

Sono in numero di due, una per mano. Si incroceranno o si apriranno in funzione dell'"oggetto della ricerca".

D. Le fonti e le acque sotterranee

◇ Individuazione

L'acqua, sorgente di vita.

Senza di essa, nulla sarebbe possibile, e non vi sarebbe vita. Possiede una memoria e registra tutto ciò che è nell'ambiente, buono o cattivo che sia.

Nel 1986 il dottor Benveniste annunciò pubblicamente che l'acqua possiede una memoria e che milioni di molecole biologiche sono in reciproca corrispondenza, condizione indispensabile al funzionamento dei sistemi biologici.

È la ragione per la quale la minima modificazione chimica, per infima che sia, comporta conseguenze funzionali notevoli.

Le vene d'acqua sotterranee sono nocive? La saggezza popolare suggerisce di non dormire sulla biscia e i cinesi di stare lontani dalle "vene del drago".

I luoghi paludosi, i terreni che drenano in superficie acque inquinate o stagnanti, e le terre soggette a inondazione sono da evitare. Una casa umida non favorisce la buona salute.

Più di cinquant'anni fa, l'ingegnere Marcel Violet, membro dell'Accademia delle Scienze, ha dimostrato che l'acqua può comportarsi come un vero e proprio accumulatore di energia attraverso la captazione dei raggi solari e cosmici.

Egli aveva costruito un apparecchio che captava radiazioni situate ben oltre le frequenze rilevabili, che definì "onde biologiche" e che servivano a energizzare e vitalizzare l'acqua. Attraverso il noto fenomeno della fotosintesi, si è scoperto che l'energia luminosa immagazzinata nell'acqua viene utilizzata dalle piante per assicurarsi la crescita rompendo la molecola d'acqua e liberando nell'atmosfera il suo ossigeno.

◇ Da sottolineare (molto importante)

Ciò dimostra l'attitudine dell'acqua ad assorbire e restituire radiazioni, quindi energia, con ciò adempiendo a un ruolo decisivo sulla materia vivente.

◇ Da sottolineare ancora

"La forma vivente nasce dall'acqua e acquisisce le sue informazioni soltanto attraverso essa".

Jacques Collin, *L'Insoutenable Vérité de l'Eau.*

Cosa possiamo dire del rapporto tra l'acqua e l'abitazione?

Sorgenti e acque sotterranee

Le acque sotterranee inducono correnti elettriche sulla superficie del suolo (dell'ordine del millivolt) con una differenza di potenziale elettrico, il che comporta una modifica del "campo magnetico terrestre".

◇ Da sottolineare

Le radiazioni "gamma" aumentano.

Le acque sotterranee inducono modificazioni energetiche nei luoghi che attraversano.

Importante

Senz'acqua non c'è energia.

Attraverso le sue particolari proprietà elettriche l'acqua interviene nel processo di scambio e trasferimento delle energie.

È la molecola d'acqua a mettere in risonanza la terra e il cosmo.

Questa stessa molecola serve anche come risonatore per le radiazioni cosmiche.

Senz'acqua non vi sono informazioni, e senza l'informazione dell'acqua nessuna vita è possibile.

◇ Da sottolineare

Quando due corsi d'acqua sotterranei si incrociano a livelli diversi, creano un punto "fulmine". E il fulmine colpisce proprio sulla verticale di questi incroci acquiferi.

Più la distanza tra i due corsi d'acqua è grande, più il campo magnetico è potente, più il punto "fulmine" sarà violento e la scarica intensa.

Acqua corrente e acqua stagnante

L'acqua corrente viene considerata perturbatrice a livello della salute e in particolare per ciò che riguarda la qualità del sonno della persona esposta nel corso della notte alla sua irradiazione.

Inoltre, l'acqua stagnante si considera assolutamente nociva e induce sulla superficie del suolo microvibrazioni negative molto inquinanti per la salute degli esseri viventi.

Più oltre presenterò alcuni schemi esplicativi riguardo alle differenti confluenze nel sottosuolo delle correnti d'acqua e delle faglie più particolarmente situate all'altezza delle stanze dell'abitazione.

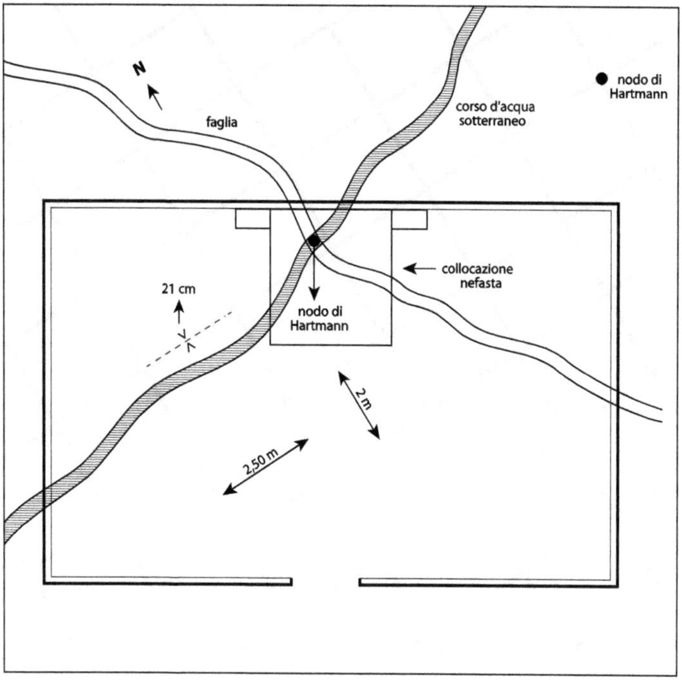
N
faglia
corso d'acqua sotterraneo
nodo di Hartmann
collocazione nefasta
21 cm
nodo di Hartmann
2 m
2,50 m

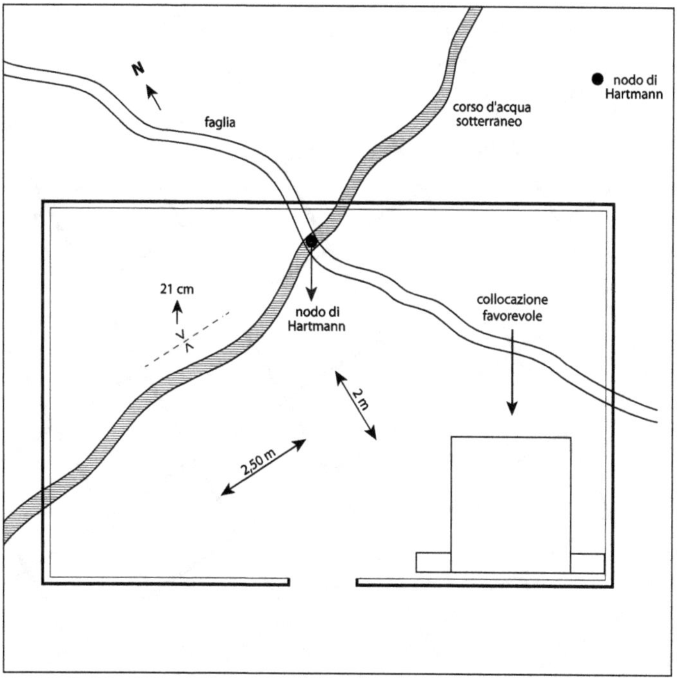
N
faglia
corso d'acqua sotterraneo
nodo di Hartmann
21 cm
nodo di Hartmann
collocazione favorevole
2 m
2,50 m

Individuazione delle sorgenti e acque sotterranee

Il geobiologo utilizza la tradizionale bacchetta da rabdomante in legno di nocciolo. Quest'ultima, tuttavia, si è modernizzata per quanto riguarda i materiali, e attualmente viene realizzata in metallo flessibile o perfino in fibra di carbonio.

◇ Da sottolineare

La bacchetta sta al rabdomante come la penna allo scrittore. È uno strumento utilizzato fin dai tempi più antichi, ed è stato messo alla prova un'infinità di volte. Ciò nonostante, rimane pur sempre uno strumento, nell'utilizzo del quale l'abilità del rabdomante è fondamentale quanto la sua sensibilità.

Esistono indizi particolari che permettono al rabdomante di individuare la presenza di acqua su un terreno. Il più delle volte essi sono costituiti dalla presenza di alberi come pioppi, salici e ontani.

Il funzionamento della bacchetta è semplice. L'operatore la tiene in mano con le estremità divaricate, ed essa salta verso l'alto o verso il basso quando passa al di sopra di una corrente d'acqua.

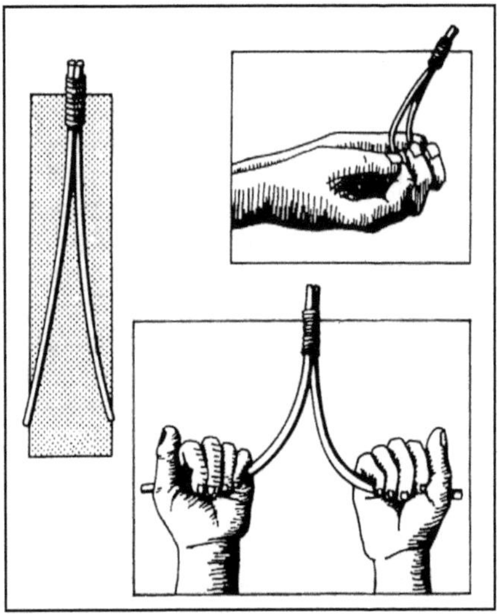

Un altro strumento di rilevamento geobiologico è l'antenna di Lecher.

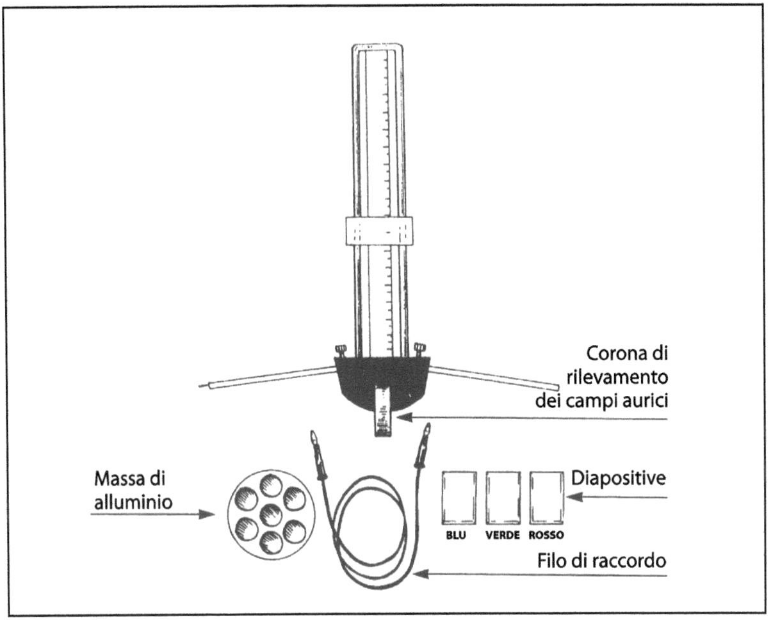

Fu inventata da Ernst Lecher, fisico tedesco vissuto nel XIX secolo (1856-1926), che diede il suo nome a questa creazione.

Ernst Lecher dimostrò che la velocità dell'onda elettromagnetica nel vuoto è sensibilmente uguale a quella della luce, e i suoi lavori permisero di mettere a punto un apparecchio denominato "Fili di Lecher", a partire dal quale venne realizzata in seguito l'attuale antenna da parte di un altro fisico tedesco di nome Schneider, che riprese più tardi le ricerche del suo predecessore.

Essendo i "fili di Lecher" sensibili alla componente elettrica, è quindi con quest'ultima che è opportuno lavorare. Pertanto, quando una bacchetta metallica viene percorsa da una corrente elettrica ad alta frequenza, questa energia si irradia nello spazio sotto forma di onde elettromagnetiche di identica frequenza: è il principio stesso di base dell'emissione e ricezione di onde radioelettriche.

Ogni antenna emittente è uno strumento che permette di trasferire l'energia dei circuiti del trasmettitore verso l'etere, che è il mezzo di propagazione dell'onda fino ai circuiti di ricezione.

Il principio di funzionamento messo a punto da Schneider risiede in due fili elettrici fissati ad anello a un'estremità, ma disposti in parallelo come i montanti di una scala... da cui il nome di "antenna di Lecher". Quindi, muovendo un cursore in grado di scivolare per tutta la lunghezza dei due fili, si crea un accordo sintonico sulla lunghezza d'onda che vibra a una frequenza di 9 gigahertz. È questa la frequenza da individuare nelle nostre ricerche radiestesiche o geobiologiche.

Dal momento che l'anello dei due fili elettrici che costituisce la "scala" è chiuso, la radiazione elettromagnetica "accordata" trasmette nell'anello stesso correnti suscettibili di rendere l'"antenna di Lecher" sensibile a certe forze. Questa antenna si compone di:

- un corpo propriamente detto, costituito da un anello metallico formato da due fili paralleli della lunghezza di una ventina di centimetri;
- una scala millimetrica, graduata da 0 a 186 millimetri, sulla quale è posto un cursore mobile che si sposta e ci consente di effettuare le nostre ricerche;
- due viti che permettono di fissare il cursore sui bracci laterali;
- un corpo che assembla il tutto (in PVC);
- due bracci laterali mobili fatti di ottone cromato di 5 millimetri di diametro (uno dei quali, però, è magnetizzato) e raccordati sul corpo dell'antenna, che permettono di impugnare lo strumento;
- un filo di raccordo alla massa, che si fissa nel braccio di destra o sul corpo in PVC;

- una massa fatta di alluminio, che su una faccia presenta sette fori.

Una volta montato, lo strumento va preso per i bracci. Le braccia e i polsi vanno tenuti paralleli e si trovano sul prolungamento dei bracci mobili che servono per impugnare.

I piedi devono essere poggiati ben aderenti al suolo mentre ci si pone di fronte all'oggetto della ricerca, muovendo il cursore su un valore fissato e corrispondente alla ricerca (vedere l'elenco a fondo pagina per le ricerche geobiologiche).

L'antenna viene tenuta verticalmente tra le mani per questo tipo di ricerca, perché si devono individuare elementi che si trovano nel sottosuolo e l'antenna reagirà con uno spostamento dalla posizione verticale, per esempio spostandosi verso l'operatore, o al contrario dalla posizione orizzontale muovendosi verso il basso.

I movimenti dello strumento attestano la presenza vibratoria dell'elemento della ricerca. Ecco un elenco di alcuni punti di riferimento per la geobiologia.

- 1,35 Acque putride
- 2,00 Inquinamento – acque inquinate
- 3,50 Radioattività naturale – radon
- 5,70 Faglia secca tellurica
- 6,90 Rete di Curry
- 7,60 Rete globale
- 7,80 Acqua corrente – fiume sotterraneo
- 8,00 Energia della Terra
- 12,00 Energia cosmica
- 12,20 Rete di Hartmann
- 12,80 Rete cosmo-tellurica

Questo elenco non è esaustivo. Si consulti il libro di Dominique Coquelle, *L'Antenne de Lecher, Guide pratique d'utilisation*, Éditions Trajectoire.

E. La radioattività naturale del suolo

Il radon

È una fonte di inquinamento poco nota che oltre Atlantico provoca circa 20.000 morti l'anno. Questo gas naturale radioattivo è presente in numerose abitazioni (soprattutto quelle in cemento).

Negli Stati Uniti, in Gran Bretagna e in Svezia è considerato la causa principale del cancro ai polmoni, subito dopo il fumo. Il radon è un gas incolore e inodore prodotto dal decadimento del torio e dell'uranio presenti nella crosta terrestre. Quando si accumula in una casa, la sua inalazione da parte degli abitanti presenta un pericolo. Probabilmente è una causa importante della comparsa di numerosi tipi di carcinoma polmonare.

La sua concentrazione differisce secondo le regioni: un massiccio granitico può presentare una concentrazione più importante di un bacino sedimentario. La composizione del sottosuolo è fondamentale.

Esso emana dal sottosuolo in direzione degli scantinati delle abitazioni attraverso condotti naturali come faglie secche e fratture geologiche, sulla verticale dei corsi d'acqua sotterranei e lungo le condutture. Si concentra nei locali meno ventilati e più isolati.

Il radon può emanare direttamente dai muri nelle costruzioni in cemento.

◇ Da sottolineare

L'aspirazione prodotta dai caminetti e i condotti d'aria attira questo gas nelle case attraverso il principio della pressione negativa.

Anche alcune ceramiche liberano una radioattività nettamente superiore alla media.

La durata di vita di questo gas è di 3,8 ore. Si decompone nel polonio radioattivo che emette particelle alfa molto nocive.

Consapevole del pericolo, la Commissione europea raccomanda ai Paesi membri di adottare norme e di stabilire soglie al di là delle quali la concentrazione di radon dev'essere giudicata pericolosa.

Massima: 200 becquerel/m^3 per le case nuove;
400 becquerel/m^3 per le vecchie costruzioni.

Esistono soluzioni?

- Far misurare il tasso di radioattività.
- Individuare le zone a rischio su un'apposita mappa.
- Aerare al massimo le stanze, perché il radon si trasforma in un vero pericolo quando si concentra in un'atmosfera viziata.
- È possibile anche colmare le fessure e isolare gli scantinati per mezzo di rivestimenti a tenuta d'aria.
- Negli Stati Uniti sono stati proposti apparecchi di filtrazione che trattengono e distruggono aerosol e polveri radioattive.

È facile capire l'importanza di far valutare l'abitazione da un esperto, quando essa si trova su una zona a rischio e si sospetta la presenza di faglie sotto di essa.

F. Gli effetti delle forze telluriche

* Sulle piante

In quest'ambito la natura ci fornisce informazioni preziose. In alcuni frutteti si nota che, sebbene la maggior parte degli alberi si elevi verticalmente, altri, al contrario, risultano inclinati senza che se ne possa ascrivere la colpa al vento o ad altri fattori.

In realtà, si tratta di alberi che sono stati piantati su zone perturbate o perfino malsane, definite “patogene”. Per evitare queste energie aggressive, l’albero cresce in direzione obliqua.

In queste zone il rabdomante individua in effetti un corso d’acqua sotterraneo nocivo che passa in quel preciso punto.

Dal punto di vista scientifico è possibile, grazie a un apparecchio che si chiama “geomagnetometro”, constatare una modificazione anomala del campo magnetico terrestre. In alcuni casi gli alberi possono reagire con escrescenze che compaiono sul tronco (una sorta di tumori).

Anche il geobiologo può rilevare la presenza della rete di Hartmann e la collocazione dell’albero a livello dell’incrocio della rete con la presenza di un corso d’acqua sotterraneo che passa in quel punto esatto.

Lo stesso aspetto del tronco dell'albero può modificarsi: si può infatti constatare che risulta attorcigliato o semplicemente cavo: sono altrettanti segni da interpretare che testimoniano della nocività di un terreno.

Anche all'interno della casa la pianta o i fiori recisi, collocati in un determinato punto, marciscono più facilmente quando si trovano in un punto geopatogeno dell'ambiente.

Importante

Impariamo a osservare la natura: essa potrà orientarci sulla qualità del terreno o della casa che intendiamo abitare.

* Sugli animali

Gli animali, in quanto esseri viventi, sono rivelatori delle perturbazioni geobiologiche perché anch'essi vivono strettamente legati al loro ambiente. Cavalli e mucche, sensibilissimi alle radiazioni telluriche, in virtù delle lunghe zampe sulle quali stazionano ogni notte nello stesso punto, offrono antenne alle radiazioni della Terra.

Infatti, si è potuto constatare che dei cavalli messi in un determinato box si innervosiscono, dimagriscono e a volte presentano dermatosi in vari punti del corpo. È sufficiente cambiare posto a questi animali per veder scomparire i sintomi.

Anche gli apicoltori ci offrono preziose testimonianze. Un'arnia posta su un corso d'acqua sotterraneo (individuato da un rabdomante), potrà produrre di più o di meno rispetto a un'altra collocata a pochi centimetri di distanza. Le api saranno più aggressive e la durata della loro vita si ridurrà notevolmente in rapporto alle loro simili.

Sono stati fatti esperimenti anche sui topi, per esempio quelli condotti in Svizzera dalla dottoressa Jenny de Aarau su venticinquemila esemplari in un arco di dodici anni.

Se i topi venivano collocati sulla verticale di un corso d'acqua sotterraneo patogeno si mostravano agitati, rosicchiavano le gabbie, si mangiavano la coda e divoravano i loro piccoli. In certi casi sviluppavano perfino patologie cancerose. Riposizionati in zona neutra ritrovavano la calma.

Se una gabbia veniva posta per metà in zona patogena e metà in zona neutra, i topi si raccoglievano in quest'ultima.

Qualche anno fa l'accademico Jacques Couelle, conosciuto in tutto il mondo per i suoi lavori di ricerca nell'ambito bionico e dell'architettura geobiologica, condusse insieme a un medico un esperimento sui ratti, collocandone alcuni in gabbie di legno e altri in contenitori di cemento.

In capo a qualche settimana constatarono che il pelo dei ratti chiusi nelle gabbie di cemento aveva perduto la sua luminosità, e gli animali avevano cominciato a sviluppare placche di dermatosi. Inoltre, erano diventati aggressivi, a differenza dei loro simili chiusi nelle gabbie di legno che non accusavano alcun disturbo.

Per quanto concerne i nostri animali domestici, concentrerò il discorso su cani e gatti. I cani prediligono i punti positivi: temono la nocività e si rifiutano di stazionare in luoghi perturbati. Se vengono legati al livello di questi punti, non potendo allontanarsi diventano nervosi, aggressivi e ringhiosi. Sono considerati animali "solari".

Il contrario può dirsi del gatto, che è un animale "lunare" e predilige i punti negativi.

Il pelo del gatto ha la proprietà di equilibrare la zona perturbata emettendo microonde. La frequenza di tali microonde, da 1,5 a 6 gigahertz, sarebbe favorevole al trattamento dei reumatismi. Chi ne soffre non dovrebbe esitare ad accarezzare il proprio gatto. Al contrario, il punto in cui quest'ultimo ama soggiornare non è particolarmente positivo per un essere umano.

* Sugli esseri umani

Anche l'uomo è esposto alle radiazioni telluriche; le conseguenze, tutt'altro che trascurabili, sono allarmanti.

Numerosi studi geobiologici condotti in Germania e in Francia tendono a provare la relazione che esiste tra le radiazioni telluriche, la manifestazione e l'evoluzione di certe patologie.

Da tempo si afferma che quando c'è acqua sotterranea sulla verticale di una casa, sia che si tratti di una vena o di una falda freatica, l'essere umano si sente sempre più stanco che su un suolo neutro. Possiamo constatare spesso un invecchiamento prematuro e una perdita di vitalità.

In realtà, può comparire un certo numero di sintomi, e i geobiologi concordano nell'affermare che la spossatezza è soltanto il primo.

In effetti, noi trascorriamo da sei a otto ore al giorno nel nostro letto. Se esso è situato su una zona geopatogena, il nostro corpo non potrà in nessun caso ripristinare la propria energia grazie al sonno, dal momento che quest'ultimo non può adempiere al suo ruolo di recupero e ricostruzione. Con il passare dei giorni, l'organismo risente di influenze, la più caratteristica delle quali è l'impressione di stanchezza, destinata ad aggravarsi con il tempo.

Se il nostro organismo si affatica per lottare ogni notte contro aggressioni vibratorie telluriche, il sistema nervoso ne subirà le conseguenze provocando il più delle volte insonnia, incubi, disturbi psichici, se non addirittura depressioni nervose.

Le ghiandole endocrine non tarderanno a reagire, essendo

soggette alle radiazioni perturbatrici indotte dall'acqua.

Citiamo in proposito la ghiandola tiroide, responsabile di numerosi metabolismi. La sua attività può diventare più frenetica, in parallelo con quella delle ghiandole surrenali. Al contrario, il timo non adempie più al suo ruolo, e ciò ha come conseguenza una riduzione dell'immunità generale dell'organismo. Si può constatare anche una ripercussione sul funzionamento delle ghiandole genitali.

Possono manifestarsi o svilupparsi altri sintomi funzionali, tra gli altri:

- traspirazione anomala;
- necessità di urinare ed enuresi anomala;
- dolori alla schiena;
- rigidità alla nuca;
- cefalee persistenti;
- nevralgie;
- reumatismi, artrosi ecc.

Tutti questi disturbi devono metterci in guardia, e vale la pena di ricercarne le vere cause. Sono segnali d'allarme e, se vengono davvero indotti da energie negative e non sono presi in considerazione, l'organismo continuerà a indebolirsi e svilupperà patologie più o meno gravi.

In realtà, ogni essere viene al mondo con una predisposizione a certe malattie piuttosto che ad altre. È una questione di "terreno", come viene considerata dagli omeopati e dai naturopati. Qualcuno contrarrà facilmente malattie infettive, altri svilupperanno sclerosi a placche o patologie cardiovascolari, e non possiamo non menzionare il cancro.

Si tratta di una sorta di vocazione patologica più o meno importante e relativa a ciascun individuo. Un soggetto posto in un ambiente sano potrà non essere mai colpito dalle malattie citate;

al contrario, se subisce regolarmente i danni da onde negative, corre il forte rischio di doverle affrontare, dal momento che il suo organismo non è in grado di opporvi una resistenza adeguata.

Per quanto concerne il cancro, consiglio di leggere il libro di Roger de Lafforest *Ces maisons qui tuent*, edito da Robert Laffont. È un'opera molto ricca di testimonianze sull'argomento.

Dobbiamo citare anche particolari danni derivati da onde nocive che possono provocare suicidi. Ecco ciò che afferma Rémi Alexandre, celebre geobiologo e architetto, nella sua opera:

> Il professor K.E. Lotz ha studiato da vicino le circostanze di 21 casi di suicidio.
> Tutti hanno avuto luogo in punti precisi di zone perturbate dal punto di vista geofisico, in combinazione con corsi d'acqua sotterranei; d'altro canto, egli cita il caso di un'azienda che, da una quindicina d'anni, aveva stabilito la sua sede e gli uffici in un luogo in parte interessato da un grande volume di acqua corrente sotterranea.
> Nel giro di pochi anni sette collaboratori dell'impresa si sono suicidati in quegli stessi luoghi, all'interno dello stabilimento, entro un perimetro di 250 metri. Va segnalato che le condizioni familiari di queste persone erano assolutamente normali. Questo strano fenomeno può manifestarsi anche in abitazioni situate su miniere di piombo o vene di gas naturale a poca profondità. Le persone sensibili cominciano a essere colpite da depressioni nervose e in breve tempo, spesso in meno di due anni, mettono improvvisamente fine alla propria vita.
> Sembra che la ghiandola del timo (che in greco significa "animo", "coraggio") sia perturbata da questo genere di circostanze, il che spiegherebbe simili "attitudini".*

* Rémi Alexandre, *Votre lit est-il à la bonne place?*, Éditions K'A, 1983 (trad. it. *Geobiologia*, Red Edizioni, Milano, 2006).

Da precisare

Il cancro appare sempre al livello di un nodo della rete di Hartmann perturbato da una circolazione sotterranea d'acqua, che deve comunque raggiungere una certa intensità, come ha giustamente messo in evidenza il barone Von Pohl, "quando la causa è di evidente origine geobiologica".

Come si può constatare, un eccesso di radiazioni telluriche può essere causa di uno squilibrio vitale. L'uomo, come ogni altro essere che vive su questa Terra, è stato concepito per vivere in equilibrio tra le forze telluriche e le forze cosmiche.

Le energie telluriche che emanano dalla terra sono compensate dalle energie cosmiche. Quando vi è presenza di onde nocive l'equilibrio si spezza.

Possiamo allora parlare di uno squilibrio nella compensazione delle forze.

G. I diversi metodi per neutralizzare o deviare gli effetti delle forze telluriche

Un punto importante da notare: il livello di ricettività delle energie negative da parte degli esseri umani.

Le onde negative non vengono ricevute da tutti noi nella stessa maniera. Una persona può essere sensibile alla minima fonte di onde nocive, tanto da essere paragonata a una spugna che sembra attirare qualsiasi emanazione nel suo ambiente.

Altri, al contrario, presentano caratteristiche opposte: la loro ricettività è quasi nulla. Il tempo di esposizione a tali onde è determinante. Proporremo un certo numero di procedimenti antichi e moderni per tentare di neutralizzare queste energie telluriche perturbatrici provenienti dal sottosuolo.

Innanzitutto è opportuno riferirsi agli schemi precedenti. Visualizzate un letto e la sua collocazione in relazione a onde nocive dovute alla presenza di acqua o faglie nel sottosuolo. La prima soluzione, la più semplice, è quella di spostare il letto, nella misura del possibile. Purtroppo non è una soluzione applicabile in tutti i casi, e quindi sono state utilizzate con successo un certo numero di procedure.

a) Gli assorbenti liquidi

Si tratta di corpi grassi: gli oli.

È necessario collocare dei contenitori da due litri in corrispondenza dei raggi verticali, cambiando l'olio ogni due mesi.

In proposito, ecco un commento di Roger de Lafforest: "Vi dirò ciò che farei personalmente se fossi miliardario e volessi proteggere la mia dimora da ogni attacco, per lieve che sia, di radiazioni nocive: la costruirei sospesa su un lago di olio extravergine profondo 60 centimetri".

Si possono utilizzare analogamente il carbone di legna, lo zolfo, il gesso e il sale marino (singolarmente o in combinazione).

Ricerca da effettuare in radiestesia. Sarà sufficiente individuare i punti e le quantità necessarie.

b) Utilizzo dei metalli

Al fine di "dare scacco" alle energie negative, si possono utilizzare bacchette metalliche in grado di riflettere le onde nocive. È necessario determinare il tipo di metallo per mezzo della radiestesia.

Quattro bacchette di questo metallo vengono poste ai quattro angoli dell'appartamento, al fine di tenere lontane le energie nefaste.

In passato si è utilizzato spesso del filo di rame, che di per sé costituisce ancora oggi un eccellente conduttore.

Lo scopo è quello di realizzare una vera e propria cintura in filo di rame, sorretta da chiodi con caratteristiche isolanti, tutto intorno all'appartamento, circondando anche porte e finestre, i cui infissi saranno uniti alla cintura di rame attraverso un filo saldato. Il tutto verrà collegato alla presa di terra.

Importante

La presa di terra è situata al nord magnetico.
Più avanti tornerò sull'importanza delle prese di terra.

c) Utilizzo della rete del letto

Se la rete del letto è composta di molle, dev'essere posta ad almeno venti centimetri dalla cintura di filo di rame. Le molle vanno tutte collegate tra loro con un filo conduttore, esso stesso connesso a una buona presa di terra. Tutto ciò rinvia e assorbe le onde negative.

Se la rete è di altro tipo, si deve utilizzare un compensato solido in cui verranno conficcati chiodi con la punta rivolta verso l'alto, da porre sotto il letto. I chiodi sono collegati tra loro e alla presa di terra mediante saldature.

Si possono utilizzare anche piastre di piombo: sarà sufficiente uno spessore di un millimetro e mezzo per fermare qualsiasi radiazione. Di contro, però, la piastra di piombo rimane impregnata, e dovrà essere regolarmente esposta al sole per rigenerarla.

È possibile evitare questo inconveniente collocando sul pavimento una sorta di cemento che serva da legante per una miscela molto protettiva di zolfo, carbone di legna e calce. Su questo si potrà sistemare la piastra di piombo, e isolare in tal modo la parte perturbata dell'habitat.

d) Altro procedimento: le bottiglie vuote

Dopo aver individuato, per mezzo della geobiologia o della radiestesia, i punti geopatogeni a livello del suolo, è possibile materializzarli con l'aiuto di un procedimento sorprendente: utilizzando bottiglie!

Sì, ma non bottiglie qualsiasi: occorrono bottiglie vuote dal fondo molto spesso, da collocare a livello dei punti da cui emanano energie negative. Finché rimarranno in quei punti, qualsiasi onda negativa a livello di questi particolari punti scomparirà.

È evidente che si tratta di un procedimento un po' oneroso, ma molto decorativo e pratico. Fate questa esperienza: ne rimarrete sorpresi.

No, non abbiamo a che fare con un miracolo, ma semplicemente con l'efficacia dell'onda di forma del fondo della bottiglia da champagne. Nel prosieguo del libro fornirò altre informazioni sulle onde di forma.

e) Lenzuola isolanti

Proteggono dalle onde nocive provenienti dal sottosuolo. Sono tessute con l'inserimento di fili di rame e semplici da utilizzare: è sufficiente collocarle tra il materasso e le lenzuola normali. Sono di facile manutenzione e agiscono come protettori e regolatori, aiutando il corpo a liberarsi dell'elettricità statica e degli ioni positivi. Nella stessa gamma esistono anche le federe per guanciali. Tornerò sull'argomento degli intrecci di rame nel capitolo sull'inquinamento dovuto alle induzioni elettriche durante il sonno (capitolo 8 – Inquinamento elettromagnetico).

Diversi centri di ricerca sul benessere dell'uomo in relazione all'ambiente perturbato hanno messo a punto degli armonizzatori in grado di rendere inoffensive le zone geobiologiche squilibrate.

A titolo informativo, ne citerò alcuni alla fine del libro.

Da ricordare

È sorprendente constatare come l'organismo umano abbia una grande facoltà di adattamento, ma non possa far fronte all'accumulo di numerosi fattori inquinanti esterni e interni, tanto è vero che si rigenera con difficoltà sempre maggiori. Oggi, in un ambiente ricco di energie artificiali, l'equilibrio della nostra energia vitale viene perturbato molto spesso. L'idea della costruzione della nostra casa comporta più di un impatto importante. Ne prenderemo in considerazione diversi.

2. I MATERIALI UTILIZZATI PER LA COSTRUZIONE DELL'ABITAZIONE

A. L'esterno della casa

Secondo gli esperti in materia, le patologie dovute a onde nocive sono provocate per il 90 per cento dai materiali da costruzione attualmente utilizzati. Li esamineremo in seguito, ma prima è interessante citare una frase di Roger de Lafforest tratta dalla sua opera *Ces maisons qui tuent*: "I materiali oggi impiegati dagli architetti sono anch'essi, forse, influenzati dalla nuova luna che li consoliderà, ma non potrà certamente renderli benefici: il cemento (armato o no) e il conglomerato (abominevole amalgama di ceneri pesanti e cemento) costituiscono per l'umanità una minaccia ben più grave della bomba atomica. A poco a poco stanno ricoprendo l'intero pianeta. Penso con compassione a quelle sfortunate popolazioni, evolute o sottosviluppate, per le quali il 'progresso sociale' si traduce nell'obbligo di ridursi a vivere in quelle spaventose prigioni che rovinano la salute del corpo e l'equilibrio dell'anima".

Dopo queste edificanti parole, consideriamo i diversi materiali utilizzati nell'edilizia. Gli antichi costruivano le loro dimore con la pietra del luogo (ossia della regione). Per la maggior parte del tempo essi prosperavano in perfetta armonia con le vibrazioni della loro terra (il luogo dove nascevano e vivevano). È inutile sottolineare che la pietra, in quanto materiale naturale, non può che essere benefica per la salute degli abitanti.

Purtroppo il suo costo elevatissimo ne fa un materiale impiegato molto di rado, al di fuori di certe regioni.

Questo materiale è un accumulatore di vibrazioni tanto telluriche quanto cosmiche e perfino termiche.

Ci sono altri materiali edilizi da privilegiare. Si tratta innanzitutto dei mattoni e della terracotta. Assolutamente consigliati, non presentano alcuna nocività. La terracotta apporta a un'abitazione un'energia vibratoria calda e dolce (un punto di collegamento tra interno ed esterno).

◇ Da sottolineare

La casa respira

I mattoni sono tornati di moda in seguito a una presa di coscienza sull'influenza del cemento. Possono essere pieni o porosi: questi ultimi servono principalmente a diminuire il peso e ad aumentare l'isolamento termico. Sono concepiti per le pareti interne. Quelli pieni resistono meglio allo schiacciamento e sono più adatti per i muri esterni o portanti.

Parliamo ora del legno: materiale nobile, perché di origine vegetale. È un regolatore di umidità. Costituisce anche un eccellente moderatore acustico ed è in armonia con le radiazioni cosmiche. Le pareti in assito di legno rientrano a pieno titolo nel tipo di abitazione sana raccomandata dalla biologia della costruzione.

In Canada il 90 per cento delle abitazioni è di legno; in Germania e nei Paesi dell'Est questa percentuale è del 60 per cento, mentre in Francia è insignificante.

In questo tipo di case l'atmosfera è leggera e ovattata.

◇ Da sottolineare

Le strutture in legno devono essere trattate con prodotti biologici non tossici.

Il calcestruzzo è composto da ghiaia (miscela di pietrisco e sabbia), pasta di cemento e acqua.

La pasta di cemento si ottiene a partire dal calcare e dal ferro. Il calcestruzzo può essere utilizzato unicamente con sostegni metallici, dando luogo all'amalgama che prende il nome di "cemento armato", che produce onde che agiscono sulla frequenza vibratoria delle molecole del tessuto osseo. Pertanto, non ha fama di materiale positivo per la salute.

◇ Da sottolineare

A livello biotico, una costruzione in cemento o acciaio agisce come una gabbia di Faraday.

La penetrazione degli elementi cosmici positivi in essa è molto limitata, se non del tutto inesistente, e si combina inoltre con altri fattori perturbatori, come l'elettromagnetismo presente all'interno dell'abitazione.

Da ricordare

Tutto ciò che è "cemento armato", pertanto, risulta elettroinquinante. Questa componente è la grande perturbatrice del campo elettrico naturale che deve sempre esistere nelle pietre di una casa.

Prima di procedere nello studio dei materiali utilizzati all'interno dell'abitazione, consiglio di effettuare il seguente esperimento fisico.

Procuratevi un pezzo di legno, un pezzo di polistirolo destinato all'isolamento, un pezzo di mattone o terracotta, e un blocchetto di cemento.

Poggiate in successione le mani su ciascuno degli elementi e constatate le vostre sensazioni.

Quelli che seguono sono i risultati dell'esperimento effettuato da numerose persone, che potrete confrontare con i vostri.

Legno	sensazione di calore, dolcezza e di vita.
Polistirolo	sensazione sgradevole – elettrico – contatto senza vita.
Mattone	freddo, ma dopo pochi secondi non risulta più sgradevole. C'è un fenomeno di armonizzazione con la terracotta.
Blocchetto di cemento	sensazione di freddo – sgradevole e senza energia.

◇ Da sottolineare

La qualità dei materiali di un'abitazione è estremamente importante. Saranno essi a determinare la qualità biotica del luogo.

Alcune abitazioni favoriscono particolari malattie nei soggetti predisposti.

Secondo una prospettiva fondamentalmente ecologica, è da tenere presente un altro materiale da costruzione: la canapa. È opportuno parlare della rivoluzione della canapa in ambito edilizio.

La sfida principale del XXI secolo è la lotta contro il riscaldamento climatico. È una sfida che non possiamo vincere senza rimettere in discussione le attività umane, e in particolare tutto ciò che ha a che fare con l'habitat e l'edilizia.

La soluzione "canapa" si inserisce in una nuova idea di costruzione.

La canapa fa parte dei materiali derivati da "sorgenti bio". Ormai è riconosciuta in ambito edilizio per le sue qualità tecniche, ambientali ed economiche. Non si può pensare a una filiera della canapa senza tener conto di questo settore.

Il mattone di canapa è un materiale edilizio isolante composto da un prodotto vegetale insieme a un legante minerale, al canapule (parte centrale e "legnosa" del fusto della canapa, leggerissimo e isolante perché ricco di tubi capillari) e alla calce aerea o idraulica.

È un'alternativa ai materiali convenzionali, che trova il suo posto nella richiesta di habitat sani. La realizzazione del "cemento di canapa" in Francia risale all'inizio degli anni Novanta.

Da ricordare

I mattoni di canapa permettono un agevole utilizzo di questo materiale per la costruzione e l'isolamento termico.

◇ Da sottolineare

Materiale naturale

I materiali a base di canapa sono dimensionati per rispondere a tutte le esigenze indispensabili alla costruzione di opere di qualità, sia che si tratti di meccanica, di termica, di acustica o di durabilità.

Alcune caratteristiche permettono di trovare soluzioni pertinenti in numerosi casi.

Esempio
La capacità di deformazione del cemento di canapa risponde alle esigenze delle strutture in legno, sia che si tratti di ristrutturare o di costruire ex novo.

A livello energetico, il funzionamento igrotermico degli strati di malta di canapa può essere una soluzione adattata per migliorare efficacemente il consumo di energia delle costruzioni antiche.

◇ Da sottolineare ancora

I materiali "canapati" hanno coefficienti di conducibilità termica che permettono loro di rispondere alle esigenze delle normative in corso in materia di termoregolazione, oltre che di adattarsi alle regole delle costruzioni ad alta prestazione energetica.

Da sapere

La canapa è una pianta "disinfettante" che non necessita di erbicidi e lascia il suolo pronto per la coltura successiva.

- Migliora la struttura del suolo.
- Arricchisce il terreno grazie a un sistema radicale profondo.
- Non necessita di fungicidi o insetticidi.
- Si adatta bene a terreni di qualità media e ai climi più vari, grazie al suo breve ciclo vitale.

La canapa viene utilizzata in una gamma di prodotti isolanti naturali destinati al miglioramento e al rispetto del nostro patrimonio architettonico.

◇ Da sottolineare

Per l'isolamento esiste la fibra di canapa sfusa, che permette una posa facile e migliora il termoisolamento infiltrandosi negli interstizi.

Isolante sano e naturale, unico materiale da costruzione migliore del legno, rinnovabile all'infinito e che consuma più CO_2 di quanto non ne produca. Non è da trascurare (indirizzi utili alla fine del libro).

B. L'interno della casa

Troviamo di frequente, per quanto riguarda i pavimenti delle abitazioni e a seconda delle regioni, piastrellature in pietra, ceramica, parquet di legno, linoleum oppure moquette in lana o sintetiche.

Tutto ciò che è materiale naturale è da preferire. È certo che una moquette in lana (fibra naturale) apporta energie benefiche, mentre quelle sintetiche generano elettricità statica. Un parquet in legno è vivo, e si deve pertanto evitare di vetrificarlo: in questo caso non respira e non potrà mai assicurare benefici vibratori.

◇ Da sottolineare

Un materiale: il sughero

Ormai ha conquistato il suo posto in ambito abitativo per la costruzione e anche come isolante termico e acustico.

È un materiale ecologico isolante e che respira, quindi presenta molti vantaggi. Resiste a temperature dell'ordine di 120°C.

- Non libera vapori nocivi in casi di incendio.
- Non imputridisce.
- Resiste all'acqua.
- Elastico, permette di diminuire i ponti termici.
- Possiede una buona stabilità nel tempo.
- Resiste ai cedimenti e agli sbalzi di temperatura.
- Buon isolante acustico e antivibratorio.

◇ Da sottolineare

Il sughero nella costruzione

Viene utilizzato principalmente per l'isolamento dei muri, dei pavimenti e dei soffitti.

In forma granulare o in lastre di diversi spessori, consente diversi utilizzi:

- riempimento tra paramenti in caso di rinnovo;
- isolamento dei tetti;
- realizzazione di una soletta traspirante in caso di elevato rischio di umidità;
- isolamento periferico dello zoccolo con il sughero (per le sue qualità di permeabilità e imputrescibilità). Si vedano gli indirizzi utili alla fine del libro.

E per quanto riguarda i rivestimenti murali?

Si sconsiglia di utilizzare rivestimenti sintetici come il vinile: preferire invece carta da parati oppure tessuti murali naturali.

Le vernici devono essere minerali o vegetali, oppure a base d'acqua. Attualmente le vernici naturali hanno raggiunto un alto livello: sono facili da lavorare e pronte all'uso. Come precisa il dottor H. Fischer (RFA), chimico: "Le vernici naturali costituiscono un passo importante verso un habitat più vitale, più gradevole e più sano per ciascuno di noi".

◇ Da sottolineare

Le convenzionali tinte brillanti e le vernici a emulsione contengono solventi che possono provocare irritazioni, allergie e perfino gravi problemi di salute. Sono inquinanti e hanno un'origine petrolchimica.

Le vernici biologiche sono inodori e prive di solventi, derivano da fonti rinnovabili e lasciano respirare i nostri muri. Anche in questo caso, gli indirizzi utili sono alla fine del libro.

La nozione di isolamento ci porta a parlare dell'economia energetica all'interno della casa e dell'isolamento delle finestre, che nelle costruzioni recenti si avvale molto spesso del sistema dei doppi vetri. Questi ultimi assicurano una perfetta tenuta e in tal modo limitano il consumo di energia per il riscaldamento dell'abitazione.

C. Il riscaldamento

È necessario scegliere un sistema di riscaldamento rispettoso dell'ambiente. In ogni caso, è opportuno servirsene meno possibile al fine di ridurre il consumo di energia e l'inquinamento che esso genera. Per tale motivo si consiglia di curare l'isolamento dell'habitat.

Riscaldamento elettrico, a gas, a gasolio, solare o a legna. Quale scegliere? Esamineremo singolarmente i vari sistemi.

Da sapere

I sistemi di riscaldamento possono funzionare:

- in modo decentralizzato, intendendo l'utilizzo di un apparecchio per riscaldamento in ogni stanza;
- in modo centralizzato, che sottintende l'utilizzo di una caldaia murale o di un impianto a terra per diffondere il calore.

◇ Da sottolineare

Il riscaldamento decentralizzato è poco costoso per quanto riguarda sia l'installazione che la manutenzione, ma è spesso più caro da utilizzare. È riservato ad abitazioni con superficie ridotta.

Per quanto concerne il riscaldamento elettrico, è il meno caro da installare, ma il suo uso è più costoso, soprattutto nel caso di una installazione decentralizzata (convettori, radiatori, accumulatori di calore...).

Altri metodi classici di riscaldamento impiegato nel quadro di un sistema centralizzato:

- il gasolio, che ha conosciuto di recente una significativa impennata di prezzi;
- il gas naturale, che rappresenta una buona soluzione complementare al solare e/o a una pompa di calore;
- il GPL, che si trova sotto forma di butano o di propano, e che rende necessaria l'installazione di un serbatoio all'esterno dell'abitazione.

Queste diverse risorse presentano inconvenienti importanti: emettono quantità rilevanti di gas a effetto serra CO_2.

Esaminiamo tutti questi metodi di riscaldamento.

a) Il riscaldamento elettrico classico

Metodo di riscaldamento che utilizza l'energia elettrica:

- direttamente, o
- per mezzo di convettori, pannelli elettrici radianti, pavimenti o soffitti elettrici riscaldanti, oppure
- tramite una rete di distribuzione di acqua calda alimentata da una caldaia elettrica, o ancora
- più in generale, da una pompa di calore.

◇ Da sottolineare

Evitare di scegliere un riscaldamento a convezione, che diffonde nell'aria polveri, batteri e numerose particelle. È preferibile optare per riscaldamento irradiante, più sano nello spirito di una costruzione biotica.

b) Il riscaldamento elettrico a inerzia

È economico. Ha la proprietà di diffondere più calore per un certo tempo. L'inerzia permette di attirare un calore dolce e senza sbalzi termici. Questo tipo di riscaldamento immagazzina il calore per poi restituirlo gradualmente in maniera omogenea, dolce e avvolgente, dal pavimento al soffitto dell'abitazione.

Esistono diversi procedimenti:

- mattoni refrattari
- ghisa
- alluminio
- granito

c) Il riscaldamento a gasolio

Utilizza l'energia del gasolio. A partire da una cisterna, questo combustibile alimenta un generatore detto "caldaia a gasolio" che, a sua volta, trasmette il suo calore a un circuito di riscaldamento che alimenta dei radiatori o altro tipo di diffusori.

d) Il riscaldamento a gas

Utilizza l'energia del gas, sia esso naturale in rete urbana oppure gas GPL stoccato in serbatoi, che può essere butano o propano.

Il gas alimenta dei circuiti di riscaldamento e di acqua calda sanitaria, a partire da una caldaia a gas standard, a bassa temperatura, ad alto rendimento o a condensazione.

e) Stufe a gas o a petrolio

Quelle a gas non sono tossiche e non inquinano. Producono un calore dolce e possiedono un alto potere calorifico.

Quelle a petrolio hanno il vantaggio di essere economiche, moderne, facili da installare e da utilizzare. Apportano un calore immediato e gradevole. Sono equipaggiate con un rivelatore di CO_2 che spegne l'apparecchio prima che il tenore di anidride carbonica raggiunga lo 0,8 per cento.

f) Il riscaldamento solare

L'energia solare viene convertita in calore per il riscaldamento dell'abitazione.

Permette di riscaldare un edificio con l'energia del sole, in genere per il tramite di pannelli solari ad acqua calda, che assicurano in tal modo il rifornimento di acqua calda sanitaria e il riscaldamento dei locali.

Si tratta di un'energia rinnovabile ed economica.

g) Il riscaldamento a terra: due tipi di pavimento riscaldante

Inventato negli anni Sessanta, è un pavimento classico al quale viene aggiunto un sistema di riscaldamento a terra. Il pavimento riscaldante può essere di due tipi:

- elettrico, che funziona come una resistenza posta sotto il pavimento;
- collegato a una pompa di calore o a un sistema di riscaldamento centrale (a gas, a legna, a gasolio o solare).

Ecco i vantaggi:

- aumento della superficie abitabile: elimina i radiatori;
- comfort termico: il calore viene ripartito uniformemente in maniera orizzontale e verticale;
- reversibilità;
- è più sano, in quanto non produce aria calda e quindi neppure polveri.

E questi sono gli inconvenienti:

- è assolutamente incompatibile con i pavimenti in legno;
- la posa di moquette è da sconsigliare per ragioni sanitarie.

h) Battiscopa riscaldanti

Sistema innovativo ed economico con un comfort in più. Sistema elettrico o idraulico. Riduce il tasso di umidità.

i) Aerotermia

Capta per il tramite di una pompa di calore le calorie dall'aria per restituirle verso un pavimento riscaldante oppure radiatori, convettori o climatizzatori.

j) Geotermia

Energia rinnovabile. Il principio è quello di recuperare l'energia contenuta direttamente nel suolo o nelle falde freatiche. Funziona a temperature esterne molto basse. Attinge l'energia al suolo, e la distribuzione all'interno della casa si effettua tramite un circuito d'acqua (pavimento riscaldante, radiatori ad acqua).

k) Il sistema a pompe di calore

Le pompe catturano il calore nella terra, nell'acqua o nell'aria per trasmetterla a un fluido frigorigeno incaricato di diffonderla nell'abitazione.

l) Legna per riscaldamento

Venduto sotto forma di ceppi o di pellet da utilizzare con una caldaia o una stufa.
ATTENZIONE! Emana CO_2.

3. LA STRUTTURA DELL'HABITAT

Le onde di forma (EDF)

L'architettura ha la sua importanza? La forma delle case e la configurazione delle stanze generano energie diverse?

A livello delle abitazioni moderne, abbiamo scavato un fossato tra l'ideale abitativo e ciò che ci è dato vedere tutti i giorni. Le attuali procedure edilizie non rispettano più da tempo le elementari regole che la natura ci insegna e ignorano allegramente il sapere degli antichi costruttori.

In poche persone nasce il dubbio di abitare in luoghi a volte molto nocivi, costruiti in fretta senza tenere conto dell'orientamento, dell'ubicazione e delle radiazioni emesse dai volumi creati. Tutto ciò esercita un impatto importante sulla qualità della nostra vita.

◇ Da sottolineare

La costruzione = nascita di una forma vivente

È indispensabile pensare alla nostra casa in termini di sostenibilità energetica e vibratoria prima di concepirla.

Dobbiamo ripensare il nostro habitat in termini di vita, di armonia con le forme naturali e di effetti benefici sugli esseri viventi. È ormai comprovato che la geometria del volume influisce sul comportamento umano.

Le famose EDF (emissioni di onde di forma) costituiscono un universo microvibratorio da considerare con grande interesse. Utilizzate dagli antichi egizi e da ebrei, sumeri, greci, cinesi, incas, maya e africani, le onde di forma furono riscoperte all'inizio del XX secolo da Skariatine, più noto con il nome di ENEL.

In base al principio del tao, le onde di forma possiedono un carattere bivalente. Alcune sono favorevoli alla vita, altre ostili.

Secondo André de Bélizal, le emissioni benefiche fanno parte della famiglia "magnetica", mentre quelle dette "nocive" sono classificate come "elettriche".

Nel suo libro *Ondes de vie, ondes de mort*, Jean de la Foye segnalava: "Le onde di forma esercitano un influsso sulla salute, come se entrassero in risonanza con la cellula vivente, assimilata a un piccolo diapason".

Negli anni Trenta due ricercatori, André de Bélizal e Léon Chauméry, fecero altri curiosi esperimenti. Il loro "cavallo di battaglia" era la fisica microvibratoria attraverso la quale studiavano le onde emesse dalle forme.

Da ricordare

L'onda di forma è un'"onda portante" che genera un campo di influenza legato alla forma.

Le onde di forma sono indipendenti dalla natura e dal colore dell'elemento che le emette. Sono microvibrazioni che emanano dalla "forma madre" e acquisiscono materia negli oggetti del mondo fisico, più particolarmente nelle forme geometriche (vedi la mia opera *Actions à distance par radiesthésie et magnétisme*, a p. 22).

◇ Da sottolineare

Caratteristiche delle EDF

Comportano una fase definita magnetica o elettrica, una polarità (+ o -) e un colore di radiazione che non ha nulla di cromatico.

Spettro completo delle radiazioni di forma				
Fase elettrica			**Fase magnetica**	
Verde positivo	......	V+E	......	V+M
Blu	......	BLU.E	......	BLU.M
Indaco	......	I.E	......	I.M
Violetto	......	VI.E	......	VI.M
Ultravioletto	......	UV.E	......	UV.M
Bianco	......	BC.E	......	BC.M
Verde negativo	......	V.E	......	V.M
Nero	......	N.E	......	N.M
Infrarosso	......	IR.E	......	IR.M
Rosso	......	R.E	......	R.M
Arancio	......	A.E	......	A.M
Giallo	......	G.E	......	G.M

◇ Da sottolineare

Le radiazioni di fase magnetica sono favorevoli alla vita.

Al contrario, quelle della fase elettrica sono nocive.

È bene, quando possibile, cercare in via prioritaria di rilevare le emissioni vibratorie del verde negativo elettrico (V-E) e nero elettrico (N.E), che rappresentano le fonti più nocive per il nostro ambiente.

Da ricordare

La natura privilegia le forme tonde ed esagonali, mentre quadrato e rettangolo sono vibrazioni umane.

Gli angoli retti propri di queste forme geometriche non devono mascherare le emissioni talvolta pericolose generate dalla bisettrice dell'angolo formato.

Citiamo quale esempio architettonico nefasto:

- i tetti a forma piramidale ma con gli spioventi rivolti verso il basso, che emettono una violenta corrente di verde elettrico negativo (V-R);
- immobili a più piani che si susseguono secondo una struttura piramidale capovolta, forme generatrici di V-E.

Segnaliamo anche, in generale, le forme concave che generano violente emissioni di V-E.

Da non dimenticare i caminetti che attualmente hanno un lontanissimo rapporto con quelli di un tempo, e le cui forme possono emettere radiazioni tanto positive quanto negative secondo le proprietà angolari determinate dall'ideatore.

◇ Da sottolineare

I tetti asimmetrici rischiano di creare energie sfavorevoli a una buona salute.

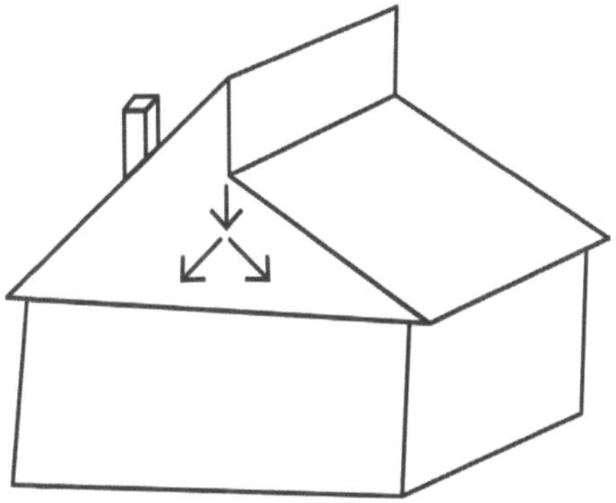

Emissione di microenergie negative indotte da una forma disarmonica dell'architettura

Consigli

Secondo le leggi delle emissioni di forma, è bene evitare di dormire sulla verticale di un angolo acuto o di spigoli sporgenti che incombono sul letto: possono essere fonte di insonnia o di emicranie. Allo stesso modo si deve evitare di dormire in una mansarda sotto un tetto inclinato a 45 gradi.

4. LA MEMORIA DEI MURI

A. Potenziale vibratorio delle costruzioni e degli oggetti

Dobbiamo tenere a mente questa frase di Papus: "Ogni oggetto ha la propria storia scritta invisibilmente intorno a sé".

Le pareti delle case o degli appartamenti sono sature di onde diverse, indotte dai passati occupanti. In effetti, le nostre abitazioni sono vere e proprie "entità vibratorie", e le pareti che le compongono una sorta di "spugne" che hanno la caratteristica di assorbire tutto ciò a cui sono esposte.

Sul piano vibratorio i muri funzionano in maniera identica. Si imbevono, si impregnano di tutte le manifestazioni ed eventi della vita con i quali si trovano in contatto permanente. Nulla sfugge loro, nessuna gioia, nessun sentimento, nessun pensiero. Tutto ciò, nel corso del tempo, va a creare una certa atmosfera vibratoria, composta da numerose microvibrazioni più o meno positive in funzione dell'intensità degli eventi passati.

Come un essere vivente, queste pareti non solo captano e registrano queste microvibrazioni, ma le emettono, vale a dire restituiscono tutte quelle radiazioni all'interno dell'abitazione.

B. Microvibrazioni ambientali

Le pareti adempiono alla funzione di accumulatori delle onde veicolate dalle microvibrazioni ambientali. Vi sono case qualificate "dimore felici" oppure "abitazioni nefaste" o addirittura "case da cancro".

È facile da comprendere: in una dimora in cui si sono succeduti abitanti che in essa hanno vissuto felici e in buona salute, le vibrazioni emesse da queste hanno impregnato il luogo di energie positive. Vivere in simili luoghi è un'autentica gioia.

Al contrario, se in una casa le preoccupazioni e i disaccordi si sono susseguiti da un occupante all'altro, le vibrazioni assorbite e ritrasmesse da questa dimora saranno definite "nefaste". Le percezioni degli abitanti saranno differenti da una casa all'altra in funzione di tutti questi parametri e della ricettività di ciascun essere umano.

Le "case da cancro"

Cosa sono esattamente?... Prendiamo l'esempio di un'abitazione che non può essere qualificata insalubre, perché la sua nocività non emana né dal suolo (geologia-tellurismo), né dal luogo, né dall'ambiente cosmico, né da cause evidenti di elettromagnetismo.

Tuttavia, una o più persone hanno abitato in essa per un certo tempo e sono state tutte colpite da un tumore. Ogni malattia possiede una lunghezza d'onda che le è propria, e il cancro non fa eccezione. La lunghezza d'onda di questa patologia è stata individuata, ed è precisamente di 4814 angström. Per verificare questa categoria di casa, sarà sufficiente effettuare rilevamenti con un apparecchio in grado di misurare gli angström.

◇ Da sottolineare

Queste onde specifiche e nocive impregnano le pareti della casa e di conseguenza rifrangono le energie a danno dei nuovi abitanti.

La resistenza fisiologica dell'occupante è di importanza capitale: questi non subirà conseguenze nella misura in cui il suo stato di salute è soddisfacente. Al contrario, in periodi di stanchezza o depressione le cellule diventano più ricettive alle energie nefaste.

Sono in stato di debolezza energetica, e in una simile situazione si corrono dei rischi.

Chi tra noi non ha percepito un'impressione di benessere o di malessere entrando in una casa? Affidiamoci a questa prima sensazione. Essa ci mette in guardia e ci permette di effettuare ricerche più precise al fine di verificare le nostre percezioni. Siamo sempre all'ascolto di noi stessi: da ciò dipende la nostra salute.

◇ Da sottolineare

Le "dimore felici" sono purtroppo meno numerose di quelle "nefaste". Si deve credere che le scene di violenza, i drammi, i crimini impregnino con maggiore facilità la memoria dei muri delle loro energie nocive.

Quel che ci rassicura è che esiste un maggior numero di case neutre e inoffensive rispetto a quelle malefiche.

Da ricordare

Le case sono talvolta vittime dei luoghi su cui sono state costruite a livello di sottosuolo, per esempio al di sopra di antichi ossari o cimiteri abbandonati. È imperativo evitare di edificare abitazioni sopra tali luoghi. La decomposizione dei cadaveri impregna la terra in modo duraturo. Energie sottili nefaste sono incompatibili con un'atmosfera vibratoria sana all'interno dell'habitat. Lo stesso vale per i luoghi di residenza edificati sopra antichi bagni penali, prigioni o campi di concentramento, nei quali le sofferenze morali umane hanno generato effluvi nefasti.

Chi è interessato all'argomento troverà numerosi esempi nell'opera *Ces maisons qui tuent*, di Roger de Lafforest, pubblicato dalle Éditions Robert Laffont.

C. Le sepolture

Sono perturbatrici.

Siano esse antiche o recenti, le tombe sono innanzitutto luoghi in cui un corpo organico si è decomposto ed è passato attraverso differenti fasi di trasformazione. Nel corso di queste ultime, la terra intorno al corpo ha registrato frequenze diverse, che conserva in memoria riemettendole in modo permanente tutto intorno.

Da ricordare

Un'esposizione prolungata al di sopra di antiche sepolture può indurre effetti patologici sugli esseri viventi. Da un punto di vista medico si sono constatati fenomeni infiammatori e infettivi su persone che vivevano sopra tali luoghi. Il problema può essere risolto unicamente con l'allontanamento.

◇ Da sottolineare

Procedimenti popolari

Le mura delle antiche case sono sature delle energie dei vecchi abitanti. E lo sono ancor più in quanto un tempo i contadini, per liberarsi delle proprie preoccupazioni e sofferenze, avevano l'abitudine di conficcare un chiodo, con la punta spostata rispetto alla verticale, in rapporto alla zona del corpo dolorante. Lo scopo era quello di trasferire una malattia o una sofferenza a una materia minerale.

In tal modo l'abitante si liberava del suo male, ma le energie negative si diffondevano nella pietra, che le conservava in memoria per poi ritrasmetterle ai nuovi occupanti.

◇ Da sottolineare

Come si disinfetta una casa i cui occupanti sono stati colpiti da malattie contagiose, così è necessario risanare un luogo in cui si sono svolti eventi molto nefasti. Talvolta è necessario fare appello a sacerdoti esorcisti, se mezzi più semplici non si sono dimostrati efficaci. Ne riparleremo tra poco, alla lettera G.

5. GLI OGGETTI ENERGETICAMENTE CARICATI

Al pari delle pareti di un'abitazione, alcuni oggetti presenti nella casa, come i mobili, possono recepire le energie negative emanate da eventi particolarmente nocivi che si sono svolti in quell'abitazione.

È la ragione per la quale si consiglia prudenza in caso di acquisto di mobili presso gli antiquari o in occasione di vendite all'asta.

Infatti, certi mobili e anche oggetti decorativi possono generare, nel luogo in cui verranno posti dopo l'acquisto, dei fatti o un'atmosfera molto sgradevoli, in grado di perturbare quotidianamente gli abitanti.

La radiestesia è un metodo utilissimo per rilevare la presenza di onde negative su qualsiasi oggetto. Ne riparleremo nella terza parte.

Dobbiamo menzionare anche quegli oggetti d'arte molto particolari costituiti dalle maschere africane. Non sono insignificanti. Le loro rappresentazioni sono spesso simboliche. Possono essere impregnate di energie sottili che vanno oltre la nostra portata e non si accordano molto con le energie vitali.

Si raccomanda la più grande cautela e, anche in questo caso, la radiestesia si rivela di grande aiuto quanto alla scelta degli elementi da posizionare all'interno dell'abitazione.

6. ELEMENTI SOTTILI CHE POSSONO INDURRE IN UN LUOGO ENERGIE NEGATIVE

Le entità

Prima di trattare questo argomento alquanto particolare è necessario, ai fini di una corretta comprensione, definire ciò che intendiamo con "entità", spiegazione opportuna per sgomberare il campo da alcuni dubbi.

◇ Da sottolineare

Non tutti i geobiologi affrontano la questione, eppure le conseguenze sulla casa e sui suoi abitanti possono essere molto nefaste, come potremo constatare di qui a poco.

Una semplice definizione dell'entità: si tratta di un'anima disincarnata.

Volendo perfezionare la definizione in senso esoterico, corrisponde alla manifestazione dello spirito di un defunto.

Tali entità possono essere benefiche o malefiche. Si tratta quindi di spiriti "buoni" o "maligni", che possono farsi beffe degli abitanti o manifestarsi con colpi. Il tipo di letteratura dedicata a questo argomento ridonda di esempi.

Entità: mito o realtà?

Consideriamole sul piano energetico.

L'essere umano non è composto unicamente da un corpo fisico. Quest'ultimo costituisce il centro e la parte più concentrata dell'energia che ci compone. Non è che la parte visibile, circondata da un altro corpo (o involucro) che ha uno spessore da 5 a 10 centimetri: il corpo eterico.

Intorno al corpo fisico si contano quattro involucri principali:

- il corpo vitale
- il corpo emotivo
- il corpo mentale
- il corpo spirituale

Secondo Helena Bratislava, in totale i corpi sottili sono sette.

◇ Da sottolineare
L'insieme dei nostri corpi energetici rappresenta il supporto dell'anima.

Al momento della morte, soltanto i corpi fisico ed eterico scompaiono: gli altri non vengono distrutti e continuano a esistere (in una certa maniera e a certe condizioni).

Alla morte del corpo fisico rimane un'entità. È necessario sapere che le entità possiedono un'esistenza tangibile sul piano fisico terreno. Accade perfino che si manifestino per il tramite di "strani rumori".

A quanto sembra, nel famoso intervallo di tre giorni alcune anime si allontanano direttamente verso altri piani di energia e di coscienza. Altre, invece, rimangono sul piano terreno come se non avessero l'energia necessaria per continuare il loro percorso, oppure rimangono "aggrappate" ai loro beni terreni o alle persone care. Le ipotesi sono numerose.

Queste entità hanno un terribile bisogno di energia per proseguire la loro strada e sostentarsi. Finiscono quindi per vampirizzare l'energia dei vivi e dei luoghi che occupano. Sono particolarmente nocive per i loro ospiti.

◇ Da sottolineare

Si spostano molto facilmente e possono utilizzare supporti diversi:

- principalmente le perturbazioni geologiche
- le faglie
- la rete di Hartmann
- la rete di Curry
- i camini cosmo-tellurici e tutte le modificazioni del sottosuolo

Tali supporti sono dei veri e propri vettori per le entità.

Nel suo libro *L'Arme absolue, la prière*, Roger de Lafforest afferma:

> "So che nel momento in cui il sole sorge, quindi a un'ora che varia ogni giorno alle nostre latitudini, si produce un fenomeno molto curioso: la terra cambia di polarità. È come se si aprisse una breccia nella cintura magnetica che ci isola, e per il tempo di questo strano collasso sembra che venga ristabilita la comunicazione tra i sette universi dalle dimensioni incompatibili tra loro. Si gode allora di una consapevolezza abbagliata da un'evidenza comprensibile...
> È il momento sacro che le anime scelgono per riversarsi in innumerevoli schiere attraverso la breccia aperta, nella terrificante avventura di un viaggio il cui capolinea è sconosciuto. La durata di questo fenomeno osservabile può variare, ma è sempre molto breve...".

In ogni caso, la loro presenza provoca importanti perturbazioni nel funzionamento dell'organismo degli abitanti del luogo interessato (depressioni, fallimenti professionali e altro).

◇ Da sottolineare

Le entità assorbono tutta l'energia disponibile, facendo scaturire problemi di ogni sorta.

È possibile per un geobiologo accorto rilevare la presenza di un'entità con una semplice "auscultazione energetica" del luogo. A tal fine può servirsi del biometro di Bovis e constatare una rilevante riduzione del tasso vibratorio dell'habitat, e in particolare di una stanza. In generale, le entità prediligono una stanza che, sul piano energetico, può scendere fino a 3000-3500 angström. C'è di che preoccuparsi.

Altri sintomi da prendere in esame: chi vive in quella stanza mostra un'analoga riduzione del proprio tasso vibratorio e accusa sintomi di stanchezza e di esaurimento nervoso.

A volte può essere testimone di manifestazioni anomale.

È preferibile lasciare vuota la stanza nell'attesa che una persona competente, un geobiologo o altro, intervenga per aiutare l'entità a lasciare questo luogo, nella misura in cui lo desidera. Può intervenire perfino un esorcista.

Il geobiologo, dal canto suo, deve possedere certe conoscenze.

È opportuno sapere che, al fine di permettere all'entità di lasciare il piano energetico terreno per accedere a un livello più elevato sul piano spirituale, si deve aprire un canale energetico estremamente potente.

Un geobiologo iniziato può utilizzare un'onda di forma come quella del triskell, sapendo che quest'ultimo possiede un valore spirituale energetico molto potente.

◇ Da sottolineare

Dopo la partenza dell'entità, il luogo ritrova un potenziale energetico normale e l'armonia vibratoria viene ristabilita. Gli abitanti possono quindi riacquisire uno stato di salute propizio alla realizzazione dei loro progetti.

7. CONSIGLI E METODI DI NEUTRALIZZAZIONE DI ONDE NEGATIVE

Si deve tener presente che le onde negative sono percepite in funzione della ricettività personale, quindi non da tutti nella stessa maniera. Da segnalare anche il fatto che un dispositivo valido per un caso di abitazione perturbata non lo sarà necessariamente per un'altra apparentemente simile.

Il geobiologo dev'essere prudente e vigile nelle sue rilevazioni, e tener conto di un certo numero di parametri. Ciascuna abitazione possiede un'entità vibratoria a pieno titolo e un'identità energetica propria.

In questo capitolo esamineremo alcuni oggetti o elementi capaci sia di neutralizzare o compensare le onde negative, sia di riarmonizzare il luogo perturbato.

Un altro capitolo del libro, prima della terza parte, tratterà della neutralizzazione di onde negative più specifiche.

Ecco alcuni metodi di base antichi, ma considerati sempre efficaci.

A. Il sale

Ritenuto purificante in tutte le tradizioni e le epoche, è anche un assorbente non trascurabile.

Per controllare la salubrità di un luogo, è possibile collocarvi del sale in un piattino: se la sua consistenza rimane immutata, il luogo è sano (da verificare mediante pendolo da un radiestesista). In caso contrario, si deve individuare la causa.

Il sale può essere utilizzato ai quattro punti cardinali dell'abitazione, negli angoli. Esso assorbirà le onde negative, in particolare quelle considerate astratte (pensieri negativi, memoria dei muri ecc.) e in tal modo proteggerà il luogo. Questa operazione andrà ripetuta regolarmente cambiando il sale, che arriva molto presto a saturazione.

B. Gli specchi

La loro particolarità consiste nel riflettere: lo specchio viene rivolto verso il suolo, e la nocività torna alla terra. Queste antiche procedure, per quanto semplicistiche, non sono da disprezzare, poiché i loro effetti sono stati da tempo provati. I fenomeni di riflessione sono ben noti alla scienza delle EDF (onde emesse dalle forme).

C. Ricetta per liberare un luogo perturbato (memoria dei muri o entità maligne)

È sufficiente confezionare una caramella di zucchero di canna, aglio e timo, quindi bruciarla ottenendo una sorta di carboncino e passando in tutte le stanze dell'abitazione per impregnarla dei fumi di questo "incenso". L'operazione permette di sciogliere tutti i miasmi lasciati dai precedenti occupanti.

È necessario verificare con la radiestesia l'efficacia del procedimento dopo la sua attuazione. Nei casi di nocività più importante, l'operazione si rivelerà insufficiente e si dovrà fare appello a metodi più potenti, per esempio l'esorcismo, che non riguarda più il geobiologo.

D. Utilizzo di alcune EDF (onde di forma) come mezzi di armonizzazione e protezione

a) Il dodecaedro

Armonizza con la forza vitale universale: il dodecaedro rappresenta l'universo considerato dagli antichi come generatore di armonia ed equilibrio. È uno dei più potenti trasmettitori di onde di forma ed è capace di sostituire energie positive a quelle negative. Può quindi essere utilizzato per armonizzare un'abitazione carente sul piano energetico.

Importante

Questa forma non necessita di essere scaricata. È un punto importante al livello della neutralizzazione di onde nocive. Non vi è alcun problema energetico di saturazione.
Il dodecaedro è una forma costituita da dodici facce pentagonali. In essa si può inscrivere la stella a cinque punte evocata dall'"Uomo vitruviano" disegnato da Leonardo da Vinci.
L'uomo si trova in contatto con le energie cosmiche e telluriche, tra cielo e terra. Si deve notare che ciascuna faccia del dodecaedro è costruita sul principio del numero aureo o divina proporzione (1,618), che ritroviamo in natura.

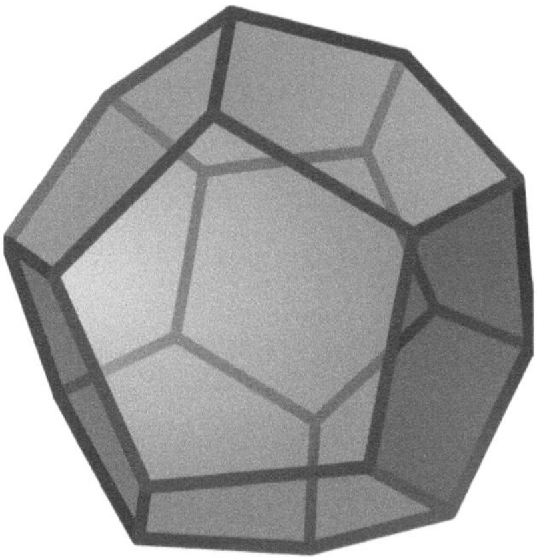

◇ Da sottolineare

Su una mappa geografica attribuita a Platone (all'origine dei poliedri), che rappresenta il nostro pianeta ritagliato geograficamente in dodici pentagoni, è possibile constatare l'esistenza di una griglia che può essere paragonata a quella della rete di Hartmann.

Per informazione

Due fisici, Gontcharov e Sanderson, hanno dimostrato che il centro di certi pentagoni del modello di Platone corrisponderebbe a luoghi del nostro pianeta importanti sul piano energetico.

Citiamo la piramide di Cheope, il Triangolo delle Bermude, l'isola di Pasqua, il mare del Diavolo...

I celti utilizzavano il dodecaedro, ritenendo che possedesse una dimensione spirituale e magica. Questa forma si ritrova un po' ovunque nel mondo. Il suo potere è tale che non si esprime unicamente all'interno del volume, ma si irradia tutto intorno e in tutte le direzioni. Questo è un punto importante in relazione al suo utilizzo in geobiologia.

Infatti, questa forma dispiega un vero campo energetico in tutte le direzioni, e il suo campo d'azione è in funzione della misura del suo volume.

È possibile orientare una delle facce superiori del dodecaedro verso il nord magnetico (con l'aiuto di una bussola o semplicemente appendendolo al soffitto della stanza da armonizzare. In questo caso, troverà da solo la sua direzione).

L'energia del dodecaedro effettuerà un lavoro di regolazione sul luogo e i suoi occupanti (potente catalizzatore e neutralizzatore nei confronti di tutto ciò che può ostacolare l'espansione delle forze vitali).

◇ Da sottolineare

Al fine di armonizzare l'atmosfera vibratoria dell'abitazione, sarà sufficiente determinare con il pendolo il punto favorevole in cui collocare il dodecaedro, nella stanza o le stanze più carenti sul piano energetico. Esso rigenererà i luoghi in cui si vive.

Per saperne di più su altri ambiti di applicazione del dodecaedro, si veda il libro *Les Fabuleux Pouvoirs du dodécaèdre* di Pascal Perrot, pubblicato dalle Éditions Trajectoire.

b) Il triskell, "pietra di vita"

Deriva dal celtico *Triskin*, che significa "tre raggi di luce". È un simbolo universale, che opera in base al principio della tripartizione delle energie. Lo troviamo in tutte le tradizioni dell'umanità.

Cerchiamo di comprendere questa tripartizione di energie.

Volgendoci alla tradizione in cui il triskell è nato, scopriamo una triplice nozione di energia.

La forza di involuzione è un'energia cosmica. Discende verso la Terra e ha la funzione di incarnarsi nella materia. In radiestesia constatiamo che tale forza ruota in senso antiorario.

La forza di evoluzione è un'energia tellurica ascendente. Se padroneggiata, permette all'essere umano di allontanarsi dalla pesantezza della materia. In radiestesia constatiamo che tale forza ruota in senso orario.

La forza stabilizzatrice va a equilibrare le forze vitali e permette alle altre due di vivere in armonia. Essa rappresenta il punto di incarnazione, che ha lo scopo di integrare le due energie.

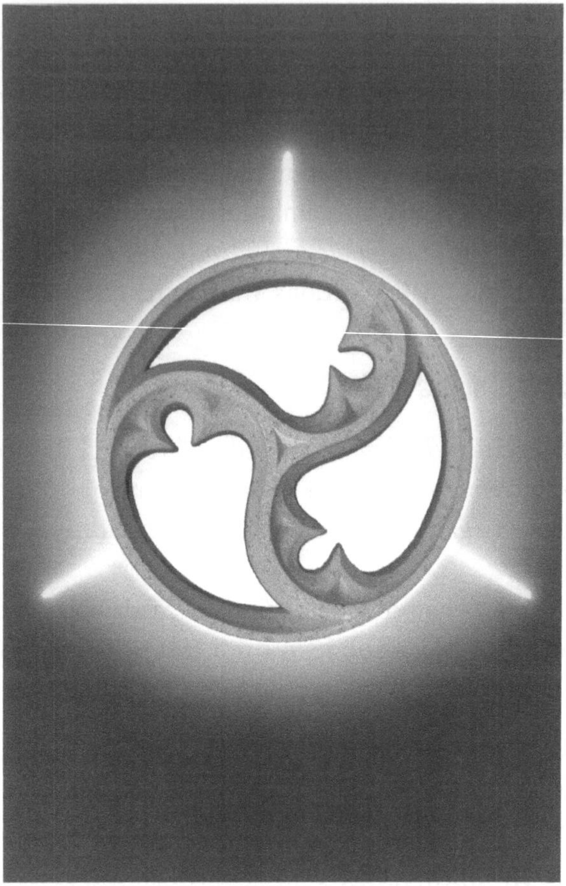

(tratto dal libro *Les Tracés d'Or* di Dominique Coquelle)

Da ricordare

Principio triunitario delle energie = incarnazione della vita.
Il triskell riunisce queste tre energie in una sola e opera a tre livelli:

- fisico
- energetico
- spirituale

Questa energia è in grado di attivare qualsiasi cosa, in quanto è il principio dell'energia vitale. Il suo utilizzo in geobiologia, vale a dire per il riequilibrio e l'armonizzazione di una casa, necessita di particolari conoscenze di cui il geobiologo è per principio detentore.

Infatti, dal momento che il triskell funziona sul principio della ripartizione delle energie, il riequilibrio non si opera soltanto sulla casa, ma anche sui suoi occupanti, in rapporto al loro particolare stato energetico (fisico, morale e spirituale). In questo caso il triskell riveste un ruolo di amplificatore energetico. Coloro che abitano il luogo devono essere pronti ad accettare i cambiamenti indotti per evolvere in armonia con l'abitazione. È un vero e proprio lavoro di risveglio e di presa di coscienza.

Questo strumento è da utilizzare con grande prudenza e saggezza.

In compenso, un'armonizzazione ben fatta può avere ripercussioni favorevoli nella vita quotidiana.

◇ Da sottolineare

Il geobiologo esperto nell'utilizzo del triskell sceglierà il tempo e il luogo di esposizione di quest'ultimo nel punto determinato il più delle volte dalla radiestesia. È facile constatare l'aumento del tasso vibratorio del luogo dopo l'esposizione del triskell in un punto preciso, con l'aiuto del biometro di Bovis.

Il triskell "pietra di vita" può agire sulla memoria dei muri, sugli oggetti perturbati, sulle entità, e permettere in certi casi di aiutare le anime a lasciare i luoghi e a procedere verso altri livelli di coscienza.

In conclusione

Il triskell "pietra di vita" si basa su una forma molto potente, e la sua procedura di fabbricazione poggia sul principio dei geopolimeri.

È una forma considerata rigeneratrice su tutti i piani e sui principi di vita dell'universo nella sua totalità.

A chi desidera saperne di più su tutte le applicazioni del triskell "pietra di vita", oltre a quelle della geobiologia, consiglio di leggere il libro di Jacques Bonvin, *Triskel "Pierre de vie"*, pubblicato dalle Éditions Mosaïque.

c) La forma di Luxor

Di origine egizia, questa forma figurava su un anello in gres nero, ritrovato nel XIX secolo e studiato da esperti di EDF, e in particolare da André de Bélizal. È molto apprezzato, e tra i suoi utilizzatori citiamo Roger de Lafforest.

È considerato un riequilibratore molto efficace per l'abitazione e per la persona stessa.

Per utilizzarlo in casa è necessario collocarlo con grande precisione nel campo magnetico terrestre. La punta del triangolo isoscele dev'essere orientata al nord magnetico.

In genere si trova in legno scolpito e in rilievo.

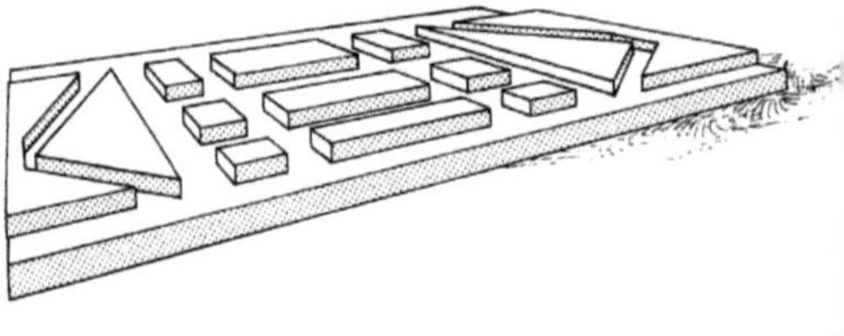

Importante

Una precisazione sulla forma di Luxor: i nove rettangoli possiedono una sezione quadrata, i due triangoli si abbassano verso la loro punta. L'insieme del disegno è in rilievo.

A partire da questa forma venne fabbricato l'anello di Atlante, che ha sorpreso molti dei suoi possessori per la sua efficacia vibratoria.

◇ Da sottolineare sull'argomento

L'egittologo Howard Carter sfuggì alla maledizione dei faraoni al momento dell'apertura della tomba di Tutankhamon, nel 1922, perché indossava questo anello!

d) La piramide

Quando si evocano le onde di forma, non si può non parlare della piramide.

Molte opere fanno riferimento a questa forma molto peculiare, potente ma non priva di pericoli. I riferimenti ci conducono alla famosa piramide di Cheope, sul sito di Giza in Egitto.

Essa è composta da quattro triangoli disposti su una base quadrata; per renderla operativa sul piano energetico gli egizi ricavavano all'interno tre "camere", ciascuna in corrispondenza con una delle tre energie: il Sole, la Luna e la Terra.

Queste tre camere sono dei captatori di energia, e costituiscono una vera e propria centrale energetica.

Da ricordare

La piramide di Cheope capta l'energia cosmo-tellurica e la concentra all'interno di tre camere. Comporta tre punti di focalizzazione.

◇ Da sottolineare

Ciascuna faccia è orientata verso uno dei quattro punti cardinali.

Importante

La piramide non dev'essere considerata un "gadget", poiché agisce come un vero catalizzatore psichico, oltre ai suoi poteri fisici sulla materia.
È la ragione per la quale questa forma piramidale dev'essere utilizzata a ragion veduta.
L'utilizzo a livello dell'abitazione non è la sua destinazione fondamentale. Essa può intervenire per una riarmonizzazione nella misura in cui viene collocata nel punto giusto e orientata correttamente.
Dal momento che gli errori nel suo utilizzo sono rilevanti e non privi di conseguenze, è bene che se ne servano soltanto i professionisti.
In compenso chi è interessato alle possibilità di questa forma a livello psichico o nella vita quotidiana può fare riferimento alla mia opera *Actions à distance par la radiesthésie et le magnétisme*, a partire da p. 55 (Éditions Trajectoire), dove si può trovare anche la metodologia per la sua realizzazione.

La piramide vista dall'alto

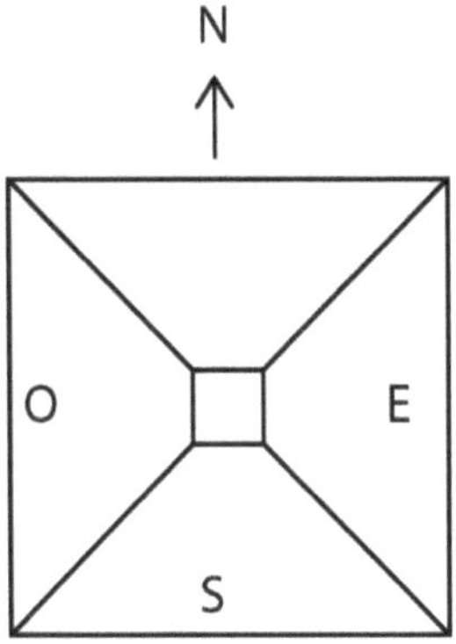

La piramide di Cheope (sezione verso ovest)

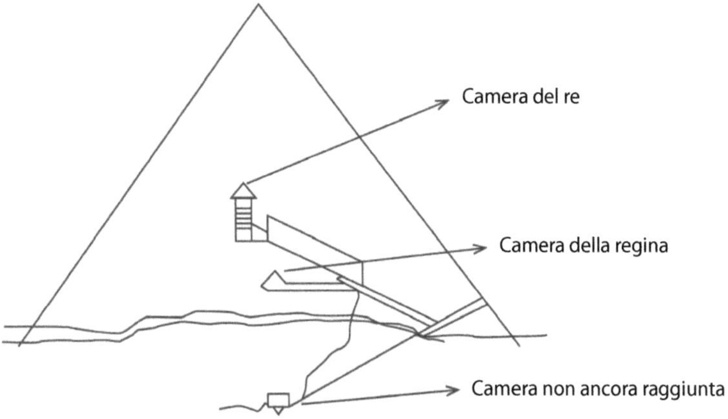

Nella terza parte di questo libro prenderemo in esame altre onde di forma benefiche per gli occupanti della casa. Ma ora dobbiamo affrontare un capitolo molto importante che riguarda l'elettromagnetismo in relazione all'esterno e all'interno della casa.

8. L'inquinamento elettromagnetico

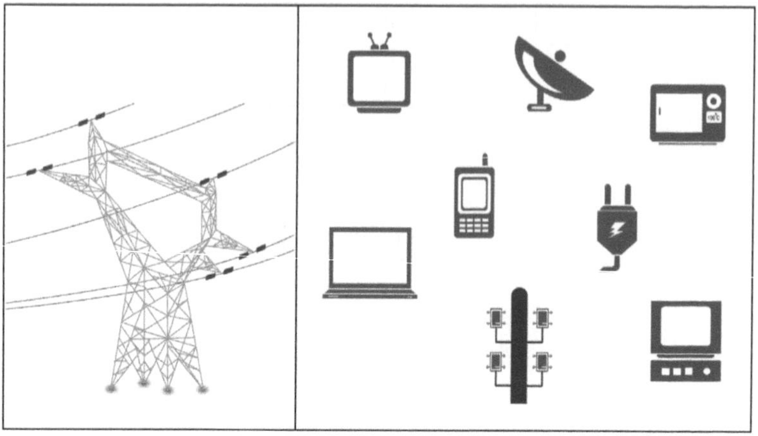

L'utilizzo dei campi elettromagnetici di frequenze variabili in tutti gli ambiti dell'attività umana, e cioè

- usi domestici,
- telecomunicazioni,
- industrie civili e militari,

ha imposto progressivamente lo studio degli effetti biologici di queste frequenze radio, che ora esamineremo.

Già nel febbraio 1990 la rivista *Ça m'intéresse* dedica un intero articolo all'elettromagnetismo, dal titolo: "Viviamo immersi in un vero e proprio smog elettromagnetico".*

Raggi X, onde hertziane, infrarossi, ultravioletti e microonde sono entrati nella nostra vita quotidiana. L'interno delle nostre case si trova irradiato da mille oggetti elettrici o elettronici. Ormai l'esposizione della popolazione in generale alle fonti artificiali di iperfrequenze e di frequenze radioelettriche supera di

* Christine Sanzeau, "Nous vivons dans un véritable smog électromagnétique", in *Ça m'intéresse*, febbraio 1990, n. 108.

diversi ordini di grandezza l'esposizione alle fonti naturali.

In trent'anni la densità elettromagnetica è quintuplicata, e tale constatazione risale a più di vent'anni fa!

La rapida proliferazione di tali fonti e il sostanziale aumento del livello di radiazioni rischiano di portare a un vero inquinamento elettromagnetico, non privo di conseguenze per la salute degli esseri umani.

L'invisibile flagello dell'inquinamento attraverso l'elettricità vede sul banco degli imputati linee ad alta tensione, trasformatori, computer, caffettiere, forni a microonde, termocoperte ecc.

◇ Da sottolineare

Constatazione degli americani: una percentuale dal dieci al quindici per cento dei tumori che colpiscono i bambini potrebbe essere dovuta ai campi elettromagnetici a bassa frequenza delle linee elettriche. Esiste un rischio maggiore del 50 per cento di ammalarsi di tumore per le persone che vivono nelle vicinanze di linee, "su un campione di 963 abitazioni della stessa regione".

Questo *smog elettrico* ha scatenato oltre Atlantico una violenta polemica, sfociata in regolamentazioni sui campi elettrici.

Ovunque in Europa stanno emergendo timori e sorgono discussioni quando si tratta di impiantare un trasformatore elettrico, una linea, un ripetitore di telefonia mobile, soprattutto se nella decisione da prendere sono coinvolte scuole, giardini pubblici, terreni edificabili, centri medici.

Di sicuro gli scienziati sono ancora divisi quanto all'importanza dei rischi biologici conseguenti all'esposizione a radiazioni non ionizzanti. Questo argomento dev'essere preso in considerazione collegandolo al principio di cautela, nella misura in cui una pubblicazione su due riporta un effetto biologico significativo.

◇ Da sottolineare

L'elettricità costituisce la base di sostegno su cui poggia il moderno edificio della nostra società industriale.

È necessaria qualche nozione in materia di ambiente elettromagnetico.

Lo spettro elettromagnetico si divide in due parti principali (vedi il quadro allegato delle frequenze):

- radiazioni ionizzanti, le cui energie sono capaci di strappare gli elettroni alla materia: raggi X, raggi gamma, raggi cosmici;
- radiazioni non ionizzanti, dotate di energie più deboli. Ne fanno parte le frequenze radio (da 30 a 300 kHz) e le frequenze bassissime (da 0,1 a 300 Hz), generate in particolare dalla corrente elettrica (50 Hz in Europa).

Da ricordare

- Un'onda elettromagnetica è caratterizzata dalla sua frequenza (in Hertz) e dalla sua lunghezza d'onda (μ): più la frequenza è alta, più la lunghezza d'onda è piccola.
- L'onda elettromagnetica è formata dall'associazione di un campo elettrico e di un campo magnetico, perpendicolari tra loro e con la direzione di propagazione.

Per le frequenze bassissime, la lunghezza d'onda è molto grande (6000 km). È la ragione per la quale si ritiene che, per gli effetti sugli esseri viventi, il campo elettrico e il campo magnetico che costituiscono l'onda elettromagnetica operino congiuntamente.

◇ Da sottolineare

Il campo elettrico

Si esprime in volt per metro (V/m) o in unità più grandi, come i kilovolt per metro (kV/m) o i millivolt per metro (mV/m).

Più il voltaggio è elevato, più il campo elettrico creato nell'ambiente è forte.

Ecco qualche esempio per meglio comprenderne l'impatto.

Sotto una linea elettrica da 400.000 volt è stato misurato un campo elettrico da 5 a 8 kW/m. Va considerato anche che il valore del campo elettrico varia in funzione di diversi parametri, tra i quali l'altezza degli elementi conduttori, gli ostacoli incontrati come filari di alberi, scarpate ecc.

Gli apparecchi elettrici domestici creano, a trenta centimetri, un campo elettrico che va dai 20 ai 100 volt per metro. A contatto con una termocoperta il campo elettrico può raggiungere i 2 kV/m.

Il campo magnetico

Si esprime in tesla (T), in Gauss (G), in ampere per metro (A/m) o in unità più piccole come milliGauss (mG), microtesla (μT).

Il valore del campo magnetico è funzione dell'intensità (in ampere) della corrente elettrica che circola in un conduttore. Più l'amperaggio è forte, più il campo magnetico è importante.

Vediamo alcuni esempi.

- Sotto una linea elettrica da 400.000 volt in cui circola una corrente da 2000 ampere con un'altezza dei conduttori di 12 metri, si misurano più di 20 μT (200 mG) sotto i conduttori stessi.
- Alcuni apparecchi elettrici domestici possono creare nel loro ambiente campi magnetici elevati: da 2 a 10 μT (20-100 mG) per un rasoio elettrico a 30 centimetri.
- A contatto con una termocoperta il campo magnetico può raggiungere i 10 μT (100 mG).

Importante

- Il campo elettrico viene facilmente fermato dai materiali classici da costruzione (mattoni, cemento...), contrariamente al campo magnetico, il quale necessita dell'utilizzo di materiali ferromagnetici.
- I campi elettromagnetici diminuiscono con l'allontanamento dalla fonte emittente.
- Le cariche elettriche creano campi elettrici.
- Le correnti elettriche creano campi magnetici.
- Vi è presenza di un campo magnetico quando circola una corrente elettrica.

◇ Da sottolineare

I campi elettrici e i campi magnetici creano nel corpo correnti elettriche indotte.

◇ Da sottolineare

Le correnti elettriche indotte negli esseri viventi in conseguenza dell'esposizione a campi elettromagnetici sono dello stesso ordine di grandezza di quelli che esistono naturalmente nell'organismo.

Le interferenze tra queste diverse fonti di correnti elettriche (fisiologiche o artificiali) sono capaci di perturbare le funzioni fisiologiche, e in particolare i flussi di ioni calcio, le secrezioni ormonali (melatonina della ghiandola pineale) ed enzimatiche (ornitina decarbossilasi).

Importante

I campi elettrici e magnetici regolano la vita.

È così che le molecole del nostro corpo sono legate da campi elettrici e le informazioni circolano nel nostro organismo (nervi, cervello) sotto forma di influssi elettrici che creano campi elettrici e magnetici.

Per mezzo di apparecchi molto sensibili (i magnetometri), si sono potuti rilevare i campi magnetici assai deboli emessi dal cuore (magnetocardiografia) e dal cervello (magnetoencefalografia).

In questo modo si è dimostrato che ogni essere vivente funziona a un certo livello elettrico e magnetico.

Ogni perturbazione del nostro ambiente elettrico o magnetico avrà effetti biologici più o meno importanti e duraturi secondo le condizioni di tale perturbazione (intensità, durata), senza dimenticare la sensibilità individuale.

Cosa accade esattamente con tali sovradosaggi di campi magnetici? Con l'esplosione di apparecchi e dispositivi elettrici, siamo sempre più esposti a irradiazioni elettromagnetiche.

Consideriamo i problemi generati dalle frequenze bassissime.

Quando sono utilizzate per la trasmissione delle comunicazioni, le linee elettriche generano nel loro ambiente delle radiofrequenze. I residenti vicino a linee e trasformatori elettrici sono esposti a problemi specifici:

- rumori diversi (schiocchi, ronzii continui legati all'effetto corona), rumore di vento nelle strutture metalliche;
- interferenze di emissioni radiofoniche e televisive, perturbazione dei computer ecc.;
- aumento del tasso di ozono e di ioni;
- rischio di caduta dei cavi o dei piloni elettrici.

I trasformatori che esistono negli immobili creano un campo magnetico di molte decine di mG negli alloggi vicini e sono la causa dei ronzii permanenti percepibili diversi piani più in alto.

È imperativo evitare di impiantare nuove linee elettriche sopra le zone abitate; per le linee elettriche esistenti le azioni possibili sarebbero interventi sulla sopraelevazione, e lo spostamento o il sotterramento delle stesse.

◇ Da sottolineare

L'ideale è una linea elettrica sotto terra in guaina blindata con un corretto equilibrio delle fasi, o una linea in corrente continua sulla porzione sotterrata.

Per quanto concerne i trasformatori, devono essere posti all'esterno della costruzione (a qualche metro, fino a una decina di metri a seconda della potenza).

Quando i trasformatori sono già integrati nella costruzione è necessario richiederne la blindatura (con piastre di ferro o d'alluminio), al fine di ridurre il campo magnetico negli appartamenti vicini, sapendo che il campo elettrico viene arrestato dai materiali da costruzione.

Ecco gli effetti biologici riportati per quanto concerne le frequenze bassissime:

- nelle donne il rischio di abortire è cinque volte più alto nelle case in cui il campo magnetico di frequenze bassissime è superiore o eguale a 6,3 mG;
- i residenti vicino a linee elettriche, se vivono a meno di 100 metri da esse, presentano un rischio di depressione maggiore di 4,7 volte;
- l'esposizione a un campo magnetico da 20 a 60 mG generato da un trasformatore elettrico induce effetti neurovegetativi (spossatezza fisica, astenia, malinconia, riduzione della libido, irritabilità...) e comporta modificazioni sanguigne e immunologiche;

- aumento significativo del rischio della malattia di Alzheimer in uomini e donne;
- le persone esposte a un campo magnetico di 50 Hz di 10 mG presentano perturbazioni significative della durata e qualità del sonno;
- l'esposizione alle frequenze bassissime in ambiente domestico e lavorativo induce un aumento del rischio di cancro negli animali, nei bambini e negli adulti.

Importante

Nel 1979 Wertheimer e Coll hanno pubblicato il primo studio che metteva in evidenza la possibilità di un legame tra alcuni tumori infantili e l'esposizione residenziale ai campi elettrici e magnetici generati dalla rete elettrica.
Alcune pubblicazioni hanno cercato di valutare il rischio cancerogeno per i bambini che vivono in prossimità di linee elettriche.
Ecco alcuni risultati:

- su 100.000 bambini esposti alle linee elettriche, ogni anno potevano manifestarsi da 5 a 20 tumori supplementari;
- l'incremento del numero di leucemie infantili in rapporto al numero totale di casi di leucemia sarebbe dello 0,7 per cento.

◇ Da sottolineare ancora

Per gli adulti all'interno dell'habitat è stato constatato un aumento significativo dei mielomi negli uomini e del cancro del colon nelle donne che vivono in prossimità di linee elettriche.

Tutti questi dati provengono da studi scientifici (epidemiologici o di laboratorio) e non possono lasciare indifferenti.

Consideriamo i problemi generati dalle radiofrequenze. Esse fanno parte delle radiazioni non ionizzanti, le cui frequenze si collocano nella gamma da 30 khz a 300 Ghz; le iperfrequenze si situano nella parte alta di tali frequenze, da 30 Mhz a 300 Ghz.

Vediamo le fonti delle radiofrequenze:

a) le emittenti di onde radio (lunghe, medie e corte) e televisive (onde ultracorte VHF e iperfrequenze UHF da 300 Mhz a 3 Ghz);
b) i sistemi di comunicazione, tra cui le antenne dei telefoni mobili (onde UHF da 900 Mhz a 1800 Mhz);
c) i forni domestici a microonde (onde UHF a 2450 Mhz);
d) i ripetitori a microonde in relazione con i satelliti per le comunicazioni (onde SHF da 3 a 30 Ghz) e i sistemi di rilevamento radar (onde EHF da 30 a 300 Ghz);
e) le linee elettriche utilizzate dalla trasmissione di comunicazioni generano nell'ambiente vicino delle radiofrequenze (onde corte e iperfrequenze).

E le microonde in casa?

Diversi apparecchi utilizzati quotidianamente generano iperfrequenze, come il forno a microonde, ma anche i telefoni senza fili e gli allarmi che rilevano il movimento. L'esposizione alle radiofrequenze può avvenire in "campo vicino" o in "campo lontano".

Esempi: in "campo vicino", gli utilizzatori di un cellulare e le persone che si trovano nelle immediate vicinanze di un forno a microonde domestico; in "campo lontano", le persone esposte alle radiofrequenze (iperfrequenze) indotte dai ripetitori dei telefoni cellulari, dalle antenne radio o televisive e dai satelliti per le comunicazioni.

È importante parlare dei forni a microonde presenti in molte abitazioni ed esaminarne la composizione e le precauzioni d'uso. Essi sono composti da un sistema elettrico ed elettronico che assicura l'emissione di microonde (il magnetron) e da una guida d'onda che conduce le onde magnetiche in una camera che riflette l'irradiazione. All'uscita dalla guida d'onda un agitatore o un piatto rotante permettono una migliore distribuzione delle onde, e ciò favorisce un'elevazione omogenea della temperatura.

Il magnetron adempie al ruolo di elevare la frequenza del settore (50 hz) in una iperfrequenza di 2450 Mhz. A questa frequenza corrisponde una lunghezza d'onda di 12,3 cm, paragonabile alle lunghezze d'onda di certi radar e telefoni cellulari attuali. La porta del forno possiede una griglia metallica che serve a riflettere le onde all'interno del forno.

Sullo sportello del forno una schermatura a iperfrequenza piega le microonde evitandone la fuoriuscita.

Il riscaldamento a microonde va dall'interno all'esterno del materiale.

Molto importante

Precauzioni di impiego del forno a microonde nell'abitazione (principalmente in cucina)

Devono essere rispettate alcune regole.

- Mai utilizzare il forno a vuoto, perché si rischia un deterioramento del magnetron per riflessione delle onde sulle pareti metalliche.
- La pulizia è importante. Nella misura in cui il forno rimane freddo durante la cottura, non vi è sterilizzazione automatica dell'interno mediante il calore, come accade per un forno classico.
- Se sulla guarnizione della porta si depositano residui, possono creare un "punto caldo", che influirà sulla tenuta della porta e favorirà le fughe.
- È vietato l'utilizzo di accessori metallici all'interno del forno (alluminio, spiedini di ferro), perché si rischia di creare un arco elettrico che può danneggiare il magnetron.
- È preferibile collocare un forno domestico a microonde in un locale ben ventilato in cui la temperatura e l'umidità non siano troppo elevate, perché gli effetti biologici delle iperfrequenze sono in parte legati a questi parametri.
- Un'eventuale fuga di microonde si attenua con la distanza. È preferibile quindi non rimanere in prossimità del forno durante il funzionamento (la distanza sufficiente è da 1 a 1,5 m).
- Evitare di guardare l'interno di un forno durante il funzionamento per non rischiare cataratte.
- È necessario che il forno sia dotato di rilevatori sonori di fuoriuscita delle onde.
- L'uso è sconsigliato ai portatori di stimolatore cardiaco, alle persone che soffrono di disturbi neurovegetativi o che presentano un elettroencefalogramma perturbato, o sono affette da disturbi oculari di tipo cataratta.

Dopo aver letto quanto precede, è possibile utilizzare questo apparecchio con piena conoscenza di causa. L'importante è essere informati per orientare la libera scelta!

Approfitto di questo capitolo per evocare un fenomeno che si sta sviluppando a livello della popolazione: intendo parlare delle persone elettrosensibili. Un numero sempre maggiore di individui presenta reazioni anomale in presenza di campi elettrici e magnetici a frequenze che coprono l'insieme dello spettro delle radiazioni non ionizzanti. Una-due persone su 1000 ne sono affette.

Le reazioni anomale si evidenziano a soglie che sono, per il campo elettrico, a 1 millivolt per metro, e meno di 0,1 mG per il campo magnetico. Sopraggiungono diversi disturbi fisiologici, come gastriti, problemi cardiovascolari o respiratori, per non dire neurologici. A questi sono collegati altri sintomi: disturbi del sonno, spossatezza, problemi cutanei, dolori, vertigini, alterazioni del gusto. Alcune persone che utilizzano terminal di computer hanno constatato un aumento della tiroxina e della prolattina, ormoni che contraddistinguono lo stato di stress. I disturbi aumentano proporzionalmente alle ore di utilizzo delle apparecchiature.

Da ricordare

Esiste indiscutibilmente una sensibilità individuale all'azione dell'elettromagnetismo. Alcuni soggetti possono presentare disturbi clinici.

Consigliamo loro di informarsi sulla qualità del proprio ambiente, al fine di ridurre al massimo l'inquinamento elettromagnetico. Man mano diventerà necessario delimitare "zone elettroprotette" in cui tali persone potranno vivere senza temere per le proprie condizioni di salute.

◇ Da sottolineare

Il reiterato accumulo di piccole dosi di radiofrequenze può indurre effetti biologici e colpire in particolare i soggetti sensibili all'inquinamento elettromagnetico. La "sindrome patologica da radiofrequenze", più nota con il nome di "sindrome da microonde" è una realtà medica riconosciuta.

◇ Da sottolineare ancora

Fuori dell'abitazione, ma nella nostra vita quotidiana, possiamo essere esposti a questi campi elettrici e magnetici statici in occasione di esami medici che fanno ricorso alla risonanza magnetica (MRI). Quest'ultima espone pazienti e personale a campi magnetici statici che possono indurre effetti biologici.

È necessario sapere che l'installazione di un macchinario per risonanza magnetica può creare, nei locali vicini e a volte perfino all'esterno dell'edificio, dei campi magnetici statici capaci di raggiungere diverse migliaia di Gauss.

Desideriamo attirare l'attenzione sul fatto che le interferenze perturbatrici si osservano fino a una distanza di 2 metri.

Importante

È necessario effettuare operazioni di blindatura nei locali in cui esistono campi magnetici statici, al fine di ridurre i rischi di esposizione del personale in questi ambienti.

Importante da ricordare

L'inquinamento all'interno dell'abitazione, definito "domestico", non è paragonabile per nocività a quello di una linea ad alta tensione.
È preferibile non costruire nelle immediate vicinanze di una simile linea oppure, se non è possibile evitarlo, occorre rispettare le distanze indicate nella tabella seguente.

400 KV ------------ distanza nefasta fino a 250 m
280 KV ------------ distanza nefasta fino a 180 m
130 KV ------------ distanza nefasta fino a 100 m
50 KV ------------ distanza nefasta fino a 75 m

I poteri pubblici dovrebbero vietare qualsiasi costruzione in prossimità delle suddette linee.

L'Organizzazione Mondiale della Sanità (OMS) mette in guardia contro un'esposizione a un campo magnetico di 2 mG per più di tre ore al giorno.

Per illustrare quanto affermato, ecco qualche esempio concreto di esposizione a radiazioni non ionizzanti.

a) Disturbi epilettiformi nei cani

In un insediamento situato sotto una linea ad alta tensione sono state effettuate misurazioni sui campi elettrici e magnetici di 50 Hz. I campi elettrici misurati all'interno delle case per diversi giorni in un raggio di 50 m da una parte e dall'altra della linea erano compresi tra 50 e 150 V/m, i campi magnetici andavano da 5 a 18 mG.

A seguito di una verifica effettuata presso i veterinari che curavano gli animali domestici della zona, è apparso un tasso insolitamente elevato di manifestazioni epilettiche nei cani, che raggiungeva una media del 26,7 per cento della popolazione canina globale (tutte le razze) esposta ai campi delle linee. La media della regione circostante era del 2,2 per cento.

b) Disturbi causati a un computer da un cavo elettrico

Sei operatori e operatrici che lavoravano ai computer al primo piano di un'azienda di Bruxelles erano disturbati da deformazioni delle immagini e dei testi sui monitor.

Queste anomalie sono comparse dopo la costruzione di nuovi uffici.

Il personale lamentava vertigini, nausea, emicranie, insonnia, agitazione notturna, aggressività durante il lavoro, mancanza di concentrazione.

Il campo magnetico di 50 Hz negli uffici era di 20-55 mG. Nei pressi dell'ufficio non c'erano linee ad alta tensione né trasformatori. In compenso, nella cabina di distribuzione in cui si trovava un interruttore da 120 ampere è stato rilevato uno squilibrio di fasi responsabile dell'emissione di un campo magnetico elevato.

c) Inquinamento elettromagnetico di uffici provocato da una stazione ferroviaria

Il problema è stato riscontrato negli uffici della sede di una cassa privata di previdenza sociale in una capitale europea. I locali erano stati ristrutturati e forniti di computer funzionanti in rete. Ora, questi ultimi hanno cominciato a evidenziare disturbi con immagini e testi deformati e dati perduti da un ufficio all'altro. Quando però i computer sono stati spostati negli uffici situati nella parte posteriore della costruzione, tutto è tornato in ordine.

I locali della parte anteriore si affacciavano su una strada larga sei metri, al di là della quale si trovava una stazione ferroviaria. I binari del treno ad alta velocità (TAV) correvano lungo le pareti di fronte agli uffici della cassa dell'assicurazione. Le misure del campo magnetico di 50 Hz negli uffici situati sulla facciata indicavano da 30 a 40 mG, e a volte perfino 45, in concomitanza con il passaggio di un TAV. L'unica soluzione, in casi come questi, è la blindatura dei computer.

d) Insonnia causata da un letto circondato da campi elettrici

Una persona soffriva di insonnia e angosce notturne. Ora, nella camera da letto il campo elettrico ELF era di 80 V/m sul guanciale e di 150 V/m contro la testata del letto in legno, dietro la quale era fissato un cablaggio che alimentava le due prese di corrente laterali.

La soluzione è stata sopprimere i cavi elettrici e installare un biointerruttore.

Importante

Il biointerruttore è un apparecchio che si adatta sulla scatola dei fusibili e interrompe selettivamente l'arrivo della corrente sul circuito in cui è in funzione nel momento in cui si spegne l'ultimo apparecchio che consuma corrente. Esso rimetterà automaticamente in servizio il circuito quando verrà inserito un apparecchio elettrico che dipende dal circuito.

Il biointerruttore permette di proteggere completamente dal campo elettrico e magnetico di 50 Hz una camera da letto, fino a quando la fonte di inquinamento elettromagnetico sia collegata alla rete elettrica di questa camera.

Ecco qualche altro esempio, altrettanto eloquente.

- Dopo l'installazione di una linea ad alta tensione a Coutiches, nelle vicinanze di Douai, gli abitanti hanno accusato diversi problemi di salute. La tensione elettrica sopra alcune case era di 800.000 volt. Ventuno famiglie hanno preferito trasferirsi altrove piuttosto che continuare a subirne gli effetti nocivi.
- A Ille-et-Vilaine un intero allevamento è andato distrutto, e i maiali sono stati decimati dopo l'installazione di una linea ad alta tensione.

◇ Da sottolineare

- Alcuni studi dimostrano che lavorare in un ambiente magnetico provoca un cedimento del sistema immunitario. È sufficiente spostare gli impiegati affinché le loro analisi ridiventino normali.
- Per quanto concerne i bambini, studi epidemiologici evidenziano una maggiore sensibilità ai campi elettromagnetici (rischio di leucemia).
- Vivere in prossimità di un trasformatore significa assumersi il rischio di vedere le proprie difese naturali indebolirsi e lo stato di salute degradarsi.

Continuiamo le nostre indagini sull'inquinamento elettromagnetico all'interno dell'abitazione, soffermandoci sulla camera da letto.

Quest'ultima, infatti, dovrebbe essere priva di questo tipo di inquinamento, essendo destinata al riposo dell'individuo. È qui che il corpo, nel corso della fase di sonno, si rigenera e si ricostituisce. Questa stanza è fondamentale per le ricerche del geobiologo sulla salubrità dell'ambiente.

Partiamo da un esempio molto significativo.

Uno studente di 15 anni ha cominciato a soffrire di insonnia entro un tempo relativamente breve. A scuola tendeva ad addormentarsi sul banco e a mostrare mancanza di concentrazione. Si irritava per un nonnulla ed era aggressivo nei confronti dei professori. A casa, la sua camera era il luogo in cui studiava e riposava.

Sono state effettuate misurazioni su quest'ultima: i campi elettrici e magnetici di 50 Hz hanno rivelato valori inferiori a 0,1 mG per i primi; in compenso, a livello del guanciale, la misurazione è stata di 55 V/m in campo elettrico.

Constatazioni

Lo stereo (costantemente sotto tensione) era contro il letto, la lampada da notte era fissata alla testiera di quest'ultimo mediante una pinza, e il filo elettrico che la alimentava passava a quindici centimetri dalla testa del dormiente. La sveglia elettrica su rete era a 35 cm dalla testa; ai piedi del letto c'era un televisore collegato alla presa situata a fianco della testiera del letto. Su questa presa ne erano innestate diverse altre che congiungevano un gomitolo di fili elettrici, a 50 cm dal quale era possibile misurare 80 V/m.

Come correggere tutto ciò?

È stato sufficiente spostare gli apparecchi elettrici allontanandoli dal letto, e il valore del campo elettrico sul letto stesso è sceso a 5 V/m.

Una lampada da ufficio fluorescente è stata sostituita da una lampada da architetto, alla quale è stata aggiunta una presa di terra collegata all'armatura metallica, al fine di drenare il campo magnetico generato dalla lampada stessa.

Dopo tutte queste modifiche, qualche settimana dopo, lo studente ha ritrovato il gusto per il lavoro, la concentrazione e la socievolezza.

Da ricordare

Molto importante

La camera da letto dev'essere un luogo di riposo e non un punto che genera campi elettromagnetici in grado di perturbare, in particolare, le frequenze bassissime (12 Hz) del ritmo alfa del cervello.

Prima di affrontare un luogo tanto importante come la camera da letto e parlare degli errori da evitare per godere di un vero riposo e di un'autentica sensazione di benessere, dobbiamo descrivere brevemente un elemento della casa da non trascurare: la presa di terra.

◇ Da sottolineare

Tutte le prese devono assolutamente essere collegate a terra. La sua efficacia è fondamentale. Il geobiologo si serve di un ohmmetro per misurarne la resistenza. Attualmente la resistenza consigliata per una presa di terra è al massimo di 50 ohm, con un interruttore differenziale di 500 mA (milliampere), o di 370 ohm con un interruttore differenziale di 650 mA. La conduttività del terreno ha un ruolo, in quanto tutto dipende dalla sua natura. Si tratta di norme riconosciute dall'EDF.

Tuttavia, i geobiologi più prudenti consigliano un valore inferiore ai 100 ohm, al fine di limitare qualsiasi eccesso di elettricità all'interno dell'abitazione.

Importante

Una presa di terra non conforme rappresenta una fonte di nocività per la dimora e i suoi abitanti.
Esistono regole quanto alla sua collocazione e realizzazione: barrette di spegnimento, morsetti con conduttori di rame ecc.
Al fine di evitare le interfrequenze con le persone che vivono nel luogo, si consiglia di collocare la presa di terra in una zona neutra della rete di Hartmann, lontano da qualsiasi circolazione d'acqua o dalla presenza di una faglia.
È auspicabile che tale presa sia posta a nord dell'abitazione e a una distanza di minimo 5 metri.

◇ Da sottolineare

In bioedilizia, le prese di terra sono sofisticate e adempiono fino in fondo al loro ruolo. Sono autentiche "fognature a sfogo diretto" e canali per evacuare le energie negative.

L'inquinamento elettromagnetico in camera da letto

Ecco un certo numero di errori nell'organizzazione della camera da letto.

- Messa a terra parziale o mancato raccordo a terra dell'illuminazione.
- Presenza dei fili di alimentazione delle lampade da notte a meno di 50 cm dalla testa del dormiente.
- Una lampada da notte il cui filo di alimentazione tocca rete e materasso, inquinando tutta la zona di riposo alla frequenza di 50Hz.
- Talvolta, l'interruttore di questa lampada non scollega il filo

di fase, ma quello del neutro. In questo caso si constata una diffusione molto importante della frequenza, spesso intensificata dalla forma del metallo di cui la lampada è fatta.

- D'altro canto, il dormiente deve beneficiare di una presa a ciascun lato del letto, non di fili che circolano dietro la testiera.
- Evitare i letti metallici e le reti elettriche. I primi sono vere e proprie antenne, a livello tanto delle radiazioni dal suolo (telluriche), quanto delle diverse dispersioni elettriche ai bordi del letto.
- Presenza di una radiosveglia elettrica. Questo tipo di sveglia dev'essere posta a un metro dalla testa del dormiente. È una fonte di inquinamento elettromagnetico molto perturbatrice, che può provocare insonnia o sonni agitati.
- Presenza intorno al letto di mensole con luci al neon fissate al di sotto.
- Presenza di uno stereo su un ripiano in prossimità del letto.
- Presenza di un radiatore ad accumulo vicino al letto.
- Un trasformatore in prossimità della testa del dormiente per ricaricare un telefono cellulare o senza fili.
- Presenza di prese multiple dietro il letto.
- Letto posto al di sopra dei trasformatori di lampade alogene del piano terra.
- Monitor di computer a meno di 50 cm dalla testa del dormiente.
- Termocoperta o cuscino riscaldato, collegati per tutta la notte. Malgrado il comfort, producono campi elettromagnetici nocivi per la salute (sono stati segnalati casi di aborto spontaneo).
- Presenza di motori per la regolazione delle posizioni di un

letto senza un efficace spegnimento elettrico.

- Presenza di un contatore elettrico in prossimità del letto.
- Un letto addossato a un muro dietro il quale si trova un apparecchio elettrico, in particolare un forno a microonde.
- Mobili che comportano un'installazione elettrica incassata per accogliere una lampada da notte o una radiosveglia.
- Televisore in camera da letto: un'attitudine e abitudine del mondo moderno non priva di conseguenze.

Il posto del televisore non è in camera da letto. Infatti esso, quando è in funzione, modifica la composizione dell'aria ambientale, che finisce per essere particolarmente ricca di ioni positivi (malsani), che disturbano molto il sistema nervoso.

Dopo lo spegnimento dell'apparecchio è necessario ventilare la stanza da quindici a trenta minuti.

Dobbiamo menzionare anche la nocività dell'alimentazione elettrica del trasformatore: esso genera una corrente elettrica di frequenza estremamente bassa.

Da segnalare anche il fatto che mettere il televisore in standby non lo pone fuori tensione, e quindi continua a inquinare elettricamente.

È nocivo collocare un letto sotto l'antenna televisiva, che riemette onde lungo la sua verticale.

◇ Da sottolineare

La distanza alla quale è possibile guardare il televisore corrisponde a sette volte la misura della diagonale dell'apparecchio.

È estremamente importante che la camera da letto sia perfettamente protetta da nocività elettromagnetiche: ciò vale soprattutto per la camera dei bambini.

L'allontanamento dalle fonti di inquinamento è spesso la soluzione più semplice da mettere in opera.

Ecco qualche consiglio per quanto concerne la collocazione della camera da letto nell'abitazione. Al momento della costruzione è necessario non prevedere queste stanze al di sopra di un garage.

Infatti, ogni massa metallica (vettura, frigorifero, congelatore, cisterne, cassaforte) agisce come un'antenna e capta le radiazioni telluriche, le attira, le amplifica e le diffonde lungo la sua verticale.

Prima di lasciare lo studio della camera secondo i principi della geobiologia e prendere in esame altri parametri, dobbiamo considerare alcuni elementi al di fuori dell'inquinamento elettromagnetico.

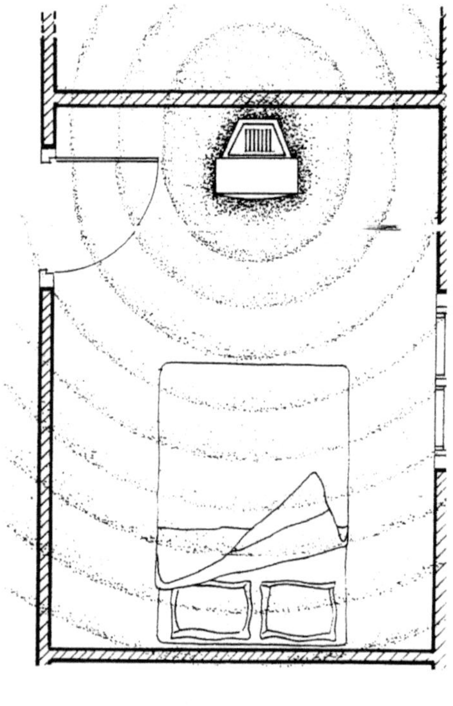

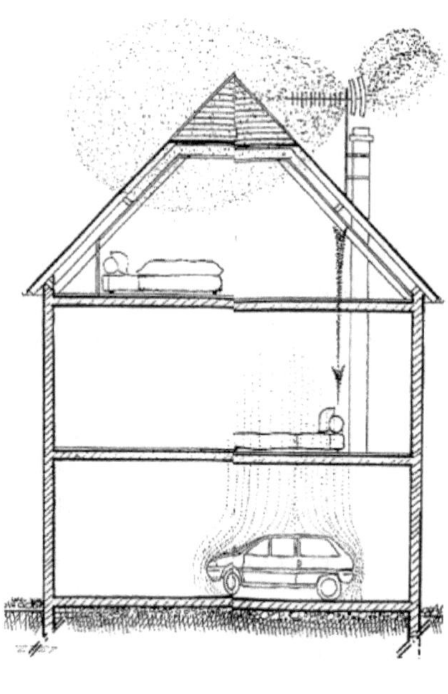

9. GLI SPECCHI NELLE STANZE

Molti problemi sono da attribuire alla presenza di specchi nelle camere, in particolare a fianco o di fronte al letto.

Dobbiamo menzionare anche gli armadi a specchio, i quali hanno sicuramente la particolarità di ingrandire otticamente la stanza, ma in realtà sono più nocivi che benefici.

Lo specchio (o il cristallo), infatti, costituisce un'antenna che riflette le radiazioni e le concentra davanti a sé, aumentandone l'intensità. Non è raro in questa situazione constatare un sonno perturbato e un risveglio con emicrania. Questo stato di cose scompare spostando il letto o lo specchio.

◇ Da sottolineare

I geobiologi hanno constatato uno spostamento della rete di Hartmann in prossimità di uno specchio o un cristallo. Le linee della rete si avvicinano e diventano più nocive.

Nel caso di un armadio dotato di specchi, si consiglia di velarlo durante il sonno.

10. LA QUALITÀ DELL'ARIA NELLE COSTRUZIONI: LA IONIZZAZIONE

Ecco un altro elemento da non trascurare nell'abitazione: la qualità dell'aria, che è molto importante e non dipende unicamente dall'aria esterna.

L'uomo passa tra l'80 e il 90 per cento del suo tempo all'interno di edifici o costruzioni, nei quali la qualità dell'aria è alterata da una contaminazione dovuta a diversi fattori:

- i materiali,
- i prodotti chimici utilizzati,
- la ventilazione,
- le induzioni elettromagnetiche che modificano la ionizzazione.

◇ Da sottolineare

L'aria è composta per il 78 per cento da azoto e per il 21 per cento da ossigeno, oltre a qualche gas raro, vapore acqueo e anidride carbonica. Ogni momento si stabilisce un equilibrio naturale tra l'anidride carbonica gassosa, che si dissolve, e il diossido di carbonio acqueo che evapora. È noto che alcuni disturbi di salute, come l'alterazione delle mucose oculari, nasali e polmonari, sono provocati dagli effetti dell'ozono.

Da sapere

Quotidianamente un essere umano inala 12-13 m^3 d'aria, ossia circa 15 kg, ingerisce 1,5 kg di alimenti e beve due litri d'acqua (media statistica).

E questo ci porta a parlare della ionizzazione.

◇ Da sottolineare

La ionizzazione naturale è indispensabile all'ossigenazione dell'organismo. Quando respiriamo, inaliamo un'energia elettrica ambientale, che è come una sorta di lubrificante per l'insieme degli ingranaggi dell'organismo.

A ogni respirazione inaliamo milioni di ioni, i quali hanno il compito di permettere all'ossiemoglobina del sangue di far arrivare questa energia alle cellule del nostro organismo.

Importante

Gli ioni con carica positiva, legati ai cluster dell'aria, si fissano nelle polveri, nei fumi e nei vari gas, e annullano gli ioni con carica negativa, che formano quindi degli ossoni, soprannominati "le vitamine dell'aria".
Quando, a livello di aria ambientale, gli ioni sono troppo numerosi a detrimento dei cationi ossoni, si produce uno squilibrio ionico che per quanto riguarda il corpo umano può manifestarsi con disturbi respiratori, cefalee, nervosismo, stanchezza cronica, stress ecc.

◇ Da sottolineare

Lo squilibrio della ionizzazione naturale è notevole soprattutto nelle zone urbane a causa dell'influenza dei campi elettromagnetici.

Cosa succede all'aria delle abitazioni?

Le contaminazioni interne sono numerose, e possono provenire da:

- emissioni dovute ai materiali di sintesi impiegati per le costruzioni e le ristrutturazioni;

- igrometria;
- temperatura ambientale;
- cattivo ricambio dell'aria;
- presenza di radon (gas radioattivo), di cui abbiamo già parlato;
- apparecchi di cottura e combustione utilizzati nell'abitazione;
- climatizzazione meccanica;
- prodotti diversi utilizzati per le pulizie quotidiane;
- uso di aspirapolvere, i quali rimettono in circolo aria carica di polveri.

Tutti questi elementi contribuiscono a elevare la tossicità dell'ambiente.

Da notare, inoltre, che il grado di tossicità di un prodotto dipende non solo dalla concentrazione dell'inquinante nell'aria, ma anche dalla durata dell'esposizione dell'individuo a questo inquinante.

Ecco alcune componenti tossiche tra le più frequentemente utilizzate nelle nostre costruzioni, e i loro effetti sull'organismo.

Acido fosforico

È contenuto nei fungicidi, negli erbicidi e negli insetticidi.
Effetti: provoca irritabilità, vertigini, disturbi visivi, leucocitosi.

Gli acrilati

Sono plastiche nocive a causa della presenza degli monomeri acrilonitrile e stirolo, che troviamo nei mobili e nei tessili.
Effetti: allergie diverse.

Benzene, cloro benzene, glicole, fenoli, PCP e xilolo

Sono presenti in numerosi prodotti domestici come vernici, rivestimenti plastici, resine sintetiche, solventi.
Effetti: sono considerati cancerogeni. Reagiscono a contatto con i tessuti dell'organismo in cui vanno ad accumularsi e perturbano le funzioni vitali del corpo, danneggiando fegato, polmoni, reni e midollo osseo.

Diossina

Questo prodotto viene utilizzato in più di 80 tipi di prodotti per la protezione del legno.
Effetti: tossicità comprovata a livello della pelle, del fegato, dei reni e dei polmoni.

Formaldeide

È utilizzata come legante e agente di conservazione.
È presente negli isolanti, nei pannelli multistrato di legno, nelle colle, nei mobili, nelle tappezzerie, nei tessuti e nelle vernici.
Effetti: irrita la pelle, gli occhi, il sistema respiratorio, provocando emicranie, nausee, emorragie nasali.
Attacca il sistema nervoso, ed è considerata cancerogena.

Isocianurato

È utilizzato principalmente nelle colle, nelle lacche e negli isolanti.
Effetti: contribuisce al deterioramento delle mucose. Comporta problemi di allergie, in particolare di asma.

Poliuretano

In caso di umidità, libera tricofluoro metano e anidride carbonica.
Effetti: agisce sulla ghiandola tiroide e sui polmoni.

PVC

È utilizzato in molti prodotti plastici (rivestimenti di pavimenti e muri, tubi e bottiglie di acqua minerale).
Libera cloro e attira le cariche elettrostatiche.
Effetti: è nocivo per il fegato, il cervello e le cellule sanguigne.

Nella misura del possibile tutti questi inquinanti sono da evitare.

◇ Da sottolineare

Nelle aule scolastiche, negli uffici, in cucine e camere da letto l'aria è più inquinata che all'esterno.

Nei luoghi chiusi gli ioni negativi sono rari, al contrario di quelli positivi.

Il nostro organismo è affamato degli ioni "buoni" assicurati dagli ossoni che però, purtroppo, in un luogo chiuso vengono rapidamente distrutti.

Osservazione

Nell'aria priva di ioni negativi i mammiferi muoiono molto rapidamente, in un arco di tempo che va dalle 24 alle 92 ore.

Per ristabilire un equilibrio esiste la possibilità di produrre ioni negativi in modo artificiale grazie a generatori appositi, definiti ionizzatori.

Principio di funzionamento degli ionizzatori

Le molecole di ossigeno sono avide di elettroni liberi. Quando una molecola di ossigeno incontra un elettrone libero lo incorpora sotto forma di ossone.

Creando elettroni liberi, gli ionizzatori liberano ioni negativi e generano flussi di ossoni. Un oscillatore deve necessariamente fornire la frequenza idonea a dare impulso e informazioni agli elettroni dell'effluvio elettrico. Una volta liberati, gli ossoni si ricombinano con gli ioni positivi, il che permette all'aria di ritrovare gradualmente il suo equilibrio. Le particelle inquinanti diventano più pesanti e discendono verso il suolo.

Importante per la scelta dello ionizzatore

La potenza degli ionizzatori dev'essere limitata a 4,6 ku, perché oltre questa soglia producono ozono. È indispensabile utilizzare apparecchi di potenza inferiore.

La ionizzazione ottenuta artificialmente per il tramite di generatori di ioni pulsati permette la soppressione di numerose nocività, caricando l'organismo di ioni negativi e migliorando in modo significativo la circolazione sanguigna.

◇ Da sottolineare

L'ossigeno ionizzato forse non è la panacea ma permette, purificando l'aria, di alleviare numerosi problemi, e presenta il vantaggio di dinamizzare le funzioni cerebrali, limitare la stanchezza e migliorare il sonno.

Tutti questi effetti sono da tenere in considerazione.

11. LA LUCE NELL'HABITAT

In ragione delle sue diverse azioni sui ritmi biologici, la luce possiede proprietà terapeutiche accertate. Purtroppo, nella vita quotidiana siamo per lo più esposti a illuminazione artificiale.

Questa luce artificiale influisce sulla nostra salute, in particolare a causa di perturbazioni elettromagnetiche. La luce concorre a strutturare lo spazio delle nostre abitazioni. È un fattore da considerare al momento in cui si pianifica la costruzione.

Le nostre dimore devono permettere alla luce naturale di inondare le stanze, da cui l'importanza dell'orientamento della casa in rapporto al sorgere e al tramonto del sole.

◇ Da sottolineare

L'illuminazione, sia naturale che artificiale, influisce sul nostro equilibrio fisiologico e psichico.

12. L'ACQUA NELL'HABITAT

Abbiamo già esaminato l'impatto dell'acqua sugli abitanti la cui dimora sorge sopra una o più correnti d'acqua. È interessante approfondire questo argomento: l'elemento acqua a livello vibratorio da una parte, e le sue capacità di catalizzazione e concatenazione dall'altra.

◇ Da sottolineare

Ricordiamo che la vita è un fenomeno vibratorio e il nostro corpo è un risonatore cosmico.

Il nostro corpo è composto per il 60 per cento di acqua, senza la quale nulla di ciò che è vivo può nascere e sopravvivere.

Per quanto riguarda la formula H_2O, composta da due atomi di idrogeno e uno di ossigeno, essa è stata scoperta circa due secoli fa dal francese Gay-Lussac, dall'inglese Priestly e dal tedesco Von Humboldt.

◇ Da sottolineare

La molecola emana da un'associazione in cui gli atomi di idrogeno e ossigeno hanno messo in comune i loro elettroni, in tal modo assicurando la perfetta stabilità dell'insieme. Le molecole d'acqua si fanno, si disfano, si dissolvono e formano tra loro catene milioni di volte al secondo.

Questo ci induce a precisare che l'acqua ha un polo elettrico positivo e uno negativo. Essa possiede quindi due polarità, che costituiscono la base di funzionamento della materia del nostro universo.

Le particelle d'acqua si muovono senza sosta nel nostro corpo, e assicurano tutte le reazioni biochimiche ed enzimatiche di quest'ultimo.

Dal momento che l'essere umano è un'entità elettromagnetica legata all'universo cosmico, uno dei più importanti recettori a livello del suo corpo è costituito dall'acqua. Il corpo è un risonatore cosmico.

L'acqua possiede la capacità di ricevere informazioni fisiche veicolando gli elementi nutrizionali necessari alle cellule del nostro corpo, ma anche elementi più sottili che emanano da numerose varietà di energie provenienti dall'ambiente tellurico e cosmico.

Da ricordare

L'acqua partecipa incessantemente agli scambi cellulari.

L'acqua pura è un purificante cellulare e drena il nostro sistema linfatico. Quando beviamo acqua pura, offriamo al corpo la possibilità di depurarsi. Sarà in grado allora di difendersi contro aggressioni esterne come quelle di microbi, virus e batteri, rafforzando di conseguenza il sistema immunitario.

È necessario sapere anche che l'acqua pura possiede proprietà magnetiche che le consentono di neutralizzare le radiazioni elettromagnetiche nocive da cui siamo circondati nella nostra civiltà industriale (ossia tutte quelle che abbiamo esaminato in precedenza).

L'inquinamento silenzioso e progressivo dell'acqua intercellulare è destinato a provocare, entro un termine più o meno lungo, ogni sorta di disturbi del metabolismo. In questo caso l'acqua non può adempiere alle sue funzioni di trasporto e di scambio con la cellula. Essa perde la capacità di registrare le informazioni elettromagnetiche ed elettriche degli elementi nutritivi. La cellula deperisce, e ciò rischia di provocare diverse patologie e degenerazioni.

In conclusione: l'analisi della qualità dell'acqua che assorbiamo è fondamentale. Diverse domande si pongono:

- l'acqua del rubinetto è buona da consumare?
- come considerare i depuratori d'acqua?

In effetti, l'acqua del rubinetto può contenere batteri, impurità organiche e inorganiche (cloruri, solfati, sali di calcio, potassio, magnesio, ferro, mitrato, fluoro, silice, arsenico, cromo, cadmio, piombo, argento ecc.). Alcune contaminazioni possono scatenare epidemie.

E per quanto riguarda l'acqua piovana? La natura si serve del processo di evaporazione per eliminare gli inquinanti acquatici. La pioggia è acqua pura naturale distillata.

Purtroppo, l'ambiente la inquina quasi immediatamente.

Attualmente esiste un sistema che consente di bere l'acqua del rubinetto nelle migliori condizioni: si tratta di purificarla ed "energizzarla" per osmosi inversa. È stato inventato un apparecchio apposito da porre sotto il lavello, che possiede un serbatoio da 10 litri (rimandiamo alla fine dell'opera per indirizzi riguardanti questo materiale).

Qualcun altro si affida a ceramiche vitalizzanti sotto forma di piatti o caraffe realizzati in argilla tradizionale più un minerale ionizzante attivo, che crea un campo minerale naturale vitalizzante (procedimento Picard).

Commercializzato con il nome "Bioceram", questo procedimento dà luogo a un'acqua energizzata nel giro di pochi secondi. Il "piatto" e la "caraffa" Bioceram amplificano un "campo biologico" onnipresente che entra in risonanza con la molecola d'acqua, restituendole in tal modo uno schema vitale "originale".

Alla fine dell'opera abbiamo accluso alcuni indirizzi utili.

Per l'acqua piovana esiste un sistema di recupero che utilizza filtri ciclonici. Questo nuovo procedimento di recupero e filtrazione delle acque pluviali nell'abitazione abbatte la bolletta dell'acqua del 50 per cento circa. Ciò nonostante, l'utilizzo di quest'acqua è destinato sostanzialmente ai lavori di pulizia e al giardino.

L'acqua piovana che scende dal tetto passa per un filtro ciclonico che la divide in acqua residua, impurità e acqua filtrata. Il filtro si trova all'interno di un collettore, e l'acqua filtrata viene immagazzinata subito dopo in un serbatoio.

Esistono altri sistemi, che permettono anch'essi di rendere assimilabile questo elemento per il nostro corpo. Lo scopo è quello di consentire all'acqua di adempiere al suo ruolo di antenna emittente-ricevente di segnali dell'ambiente.

Consiglio di leggere il libro di Jacques Collin *L'Insoutenable Vérité de l'Eau* (Guy Trédaniel, 1997), al fine di approfondire tutte le possibilità sottili di questo elemento che la natura ci mette a disposizione.

Uno dei problemi da considerare a livello dell'habitat è l'umidità presente sulle pareti. È un flagello ben noto agli abitanti delle case antiche, che si manifesta principalmente a causa della condensa interna dovuta a mura fredde, non abbastanza spesse o male isolate. Con la condensazione del vapore acqueo le pareti grondano acqua e si impregnano di umidità.

A ciò va aggiunto un riscaldamento spesso insufficiente e una ventilazione inesistente.

L'umidità risale per capillarità dal suolo umido e filtra nelle pareti dell'abitazione. È questa spesso la sorte delle case costruite a livello inferiore del terreno o in un avvallamento. Per effetto dell'elettro-osmosi e della pressione osmotica, le pareti si trasformano in vere e proprie spugne.

Come risolvere questo problema?

In questo caso è necessario effettuare dei drenaggi di evacuazione dell'acqua che circola o ristagna (terreno argilloso) intorno all'abitazione.

In seguito si dovrà impiantare un sistema a elettro-osmosi inversa. È un procedimento semplice ed efficace per asciugare in modo definitivo le pareti umide.

Il principio consiste nel collegare elettrodi fissati al muro a una presa di terra a ottima conducibilità al fine di "negativizzare" la parete, in maniera che non vi sia più scambio elettrico tra "meno" e "più".

Nella prossima parte osserveremo la casa sotto una "diversa angolazione".

13. GLI ELEMENTI DECORATIVI E I COLORI

Qual è il ruolo e l'influsso della decorazione nella casa?

A. I mobili e gli oggetti decorativi

Le forme, i materiali, la loro collocazione, l'orientamento: il mobilio cela molte sinergie invisibili, che a volte emettono onde negative.

◇ Da evitare

- I mobili di metallo, perché inducono elettromagnetismo.
- I mobili di plastica, che generano elettricità statica.
- I mobili a spigoli vivi (retti o acuti): tali angoli emettono onde di forma (EDP) nella direzione della loro bisettrice.

I mobili non devono tagliare gli angoli, ma dovrebbero piuttosto essere posizionati lungo le pareti. Se mal collocati, emettono un potente V-E dai loro angoli, che viene poi riflesso dai muri e finisce per saturare l'ambiente.

Come per il letto, di cui abbiamo già parlato, è necessario evitare di collocare la scrivania di fronte al caminetto, per salvaguardare il lavoro intellettuale.

Altre fonti insospettate di nocività sono certi monili, oggetti antichi, statue, quadri, disegni; perfino oggetti d'arte antichi o moderni possono essere portatori di onde negative e inquinare l'ambiente. A questo titolo, la radiestesia può essere di grande aiuto per individuarli. Affronteremo questo argomento nella terza parte del libro.

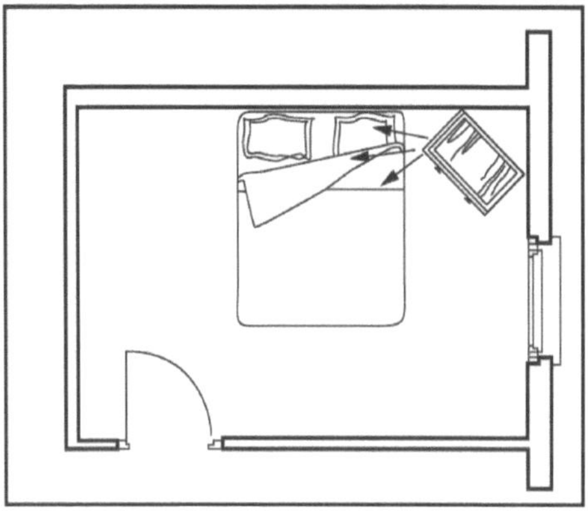

◇ Da sottolineare

Alcune produzioni artistiche sono generatrici di onde nocive in ragione della loro forma, dei colori utilizzati, dei materiali, ma anche perché sono impregnate di elementi psichici trasmessi dall'autore.

È opportuno constatare che tali opere esercitano un'azione nefasta e depolarizzante sugli occupanti dell'abitazione e creano disarmonia nelle stanze in cui sono esposte.

In conclusione: tutti gli oggetti che fanno parte dell'ambiente decorativo possono essere malefici, neutri o benefici. In ogni caso hanno una potenza di irradiazione, grazie alla loro capacità di accumulare forze di diversa origine. Sono da testare prima di essere collocati come elementi decorativi (impiegando a tal fine la radiestesia).

B. I colori

Occupano un posto importante? E quali sono le loro influenze sul luogo e i suoi abitanti?

Constatazione evidente: il colore è presente ovunque nella

nostra vita.

Come sappiamo, agisce sulle nostre emozioni e provoca effetti fisiologici sul nostro corpo. Anche l'abitazione, considerata a pieno titolo un essere vivente, recepisce le vibrazioni cromatiche per ritrasmetterle a sua volta. I colori rivestono un ruolo determinante nell'armonia dell'habitat.

Torniamo indietro nella storia dell'umanità. Nei templi egizi, gli archeologi hanno rinvenuto le prove di un'architettura molto particolare: le stanze erano costruite in maniera tale da scomporre i raggi del sole nei sette colori dello spettro.

Il colore era utilizzato a scopi tanto terapeutici quanto religiosi. Il terapeuta dell'epoca diagnosticava il colore o i colori di cui l'individuo era carente, e quest'ultimo prendeva poi in una delle stanze un "bagno" del colore necessario alla sua guarigione.

Le piramidi sono state costruite in modo che i lati siano rispettivamente ed esattamente orientati a nord, a sud, a est e a ovest, al fine di trovarsi in perfetta relazione con i pianeti e le forze dell'universo.

Gli Egizi, come i cinesi, utilizzavano i colori in una maniera molto specifica. Ciascuno di essi era rappresentato da uno dei loro dèi. Secondo gli insegnamenti di allora, il blu, il giallo e il rosso erano le forze dinamizzanti dell'essere fisico, mentale e spirituale dell'uomo. Gli Egizi stabilirono una corrispondenza tra il potere di questi colori e il dio Toth, e si servirono dei colori per risvegliare i centri della spiritualità.

Gli azzurri (o raggi chimici) avevano un'azione più potente sulla germinazione al mattino o a primavera. I raggi gialli di Iside, particolarmente potenti a mezzogiorno e in estate, stimolavano le capacità mentali dell'uomo. I caldi raggi rossi di Osiride penetravano nell'uomo e gli davano la vita.

Gli Egizi utilizzavano una tecnica che consisteva nel somministrare al paziente dell'acqua solarizzata, pratica che in seguito si è tramandata presso tutti i popoli. Utilizzavano anche le pietre preziose, le quali dovevano avere un colore puro, concentrato e di un'unica tonalità. Le consumavano ridotte in polvere, come farmaci, il che richiama la moderna dottrina degli isotopi.

L'Egitto, la Persia, l'India, la Cina, tutte queste antiche culture possedevano vaste conoscenze sulla luce e sul colore.

Torniamo alla nostra epoca. Quali spiegazioni ci vengono fornite dalla fisica?

Per il fisico la luce bianca, attraversando un prisma, diviene visibile sotto forma di raggi di colore rosso, arancio, giallo, verde, blu, indaco e viola. A una delle estremità di questo spettro si situano i raggi infrarossi, considerati raggi termici, all'altra i raggi ultravioletti.

Ciascun colore possiede una propria lunghezza d'onda e varia dal rosso (760 millimicron) al viola (385 millimicron), che ritroviamo sul biometro di Bovis. L'occhio umano percepisce soltanto i colori compresi tra questi due estremi.

I colori invisibili, che hanno lunghezze d'onda superiori o inferiori a tali estremi, come i raggi X, influiscono in modo analogo sull'organismo. È importante ricordare che ciascun colore possiede una lunghezza d'onda e una frequenza specifiche.

Il colore compare in certe condizioni di interazione tra l'energia di radiazione e la materia. Questa interazione ha come risultato il fatto che certe lunghezze d'onda vengono assorbite e altre riflesse.

◇ Da sottolineare

Un oggetto ci appare nero quando ha completamente assorbito l'energia di radiazione di tutte le frequenze.

Al contrario, ci appare bianco quando riflette tutte le lunghezze d'onda, mentre l'oggetto colorato è quello che assorbe determinate zone dello spettro e ne riflette altre.

Pertanto, un oggetto è rosso quando assorbe la parte blu dello spettro e riflette quella rossa.

◇ Da ricordare

Questo assorbimento selettivo rappresenta la base fisica del colore.

◇ Da sottolineare

Secondo la teoria elettromagnetica della luce di Maxwell, tali onde (ivi comprese quelle della luce propriamente detta) sono fatte della stessa materia di quelle che servono alla propagazione nell'etere delle oscillazioni elettromagnetiche, e pertanto derivano da un fenomeno elettromagnetico.

I principali fenomeni luminosi sono la riflessione, la rifrazione, la dispersione, l'interferenza e la polarizzazione.

Scomposizione di un raggio solare
con l'aiuto di un prisma trasparente
(esperimento del dottor Newton)

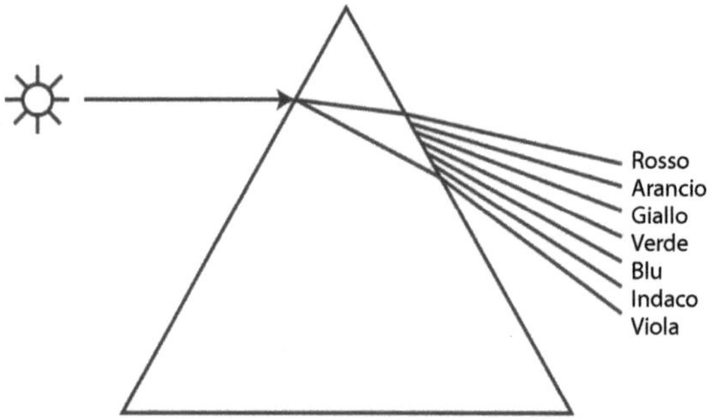

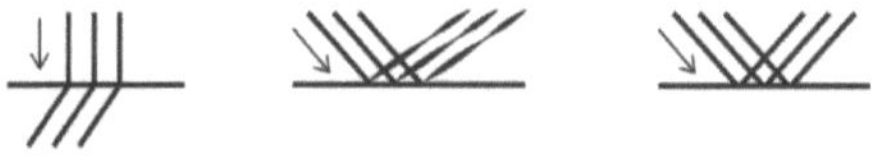

Rifrazione su una superficie di separazione

Diffrazione su un mezzo opaco

Riflessione su una superficie bianca (riflettente)

La scienza moderna che utilizza i colori a scopo terapeutico è la cromoterapia. Il suo scopo è quello di preservare e ristabilire la frequenza delle vibrazioni del corpo corrispondenti alla salute, all'equilibrio e all'armonia. I colori esercitano un impatto non soltanto sul corpo umano, ma anche sull'armonizzazione dell'habitat.

Come scegliere i colori da utilizzare nell'abitazione? Per determinare il grado di luminosità si deve tener conto dell'illuminazione naturale e artificiale del luogo.

Primo caso

Vi sono piccole finestre che non lasciano passare la luce, o pareti spesse che oscurano l'abitazione. Saranno pertanto necessari colori chiari che abbiano un effetto simile alla luce del giorno e rendano il luogo più gradevole da vivere. Si consiglia di utilizzare colori caldi (parte nord della casa).

Secondo caso

Vi sono vetrate che si aprono generosamente al sole (sud): converrà evitare colori caldi e utilizzare toni pastello.

La camera da letto, generalmente a est, avrà le tonalità del verde, del giallo o dell'azzurro pastello.

L'ideale sarebbe collocare in ogni stanza una parete o un pavimento in legno naturale, al fine di assicurare calore e un'energia dolce attraverso le tinte "naturali".

◇ Da sottolineare

Colori caldi e freddi dello spettro solare

Rosso	
Arancio	Colori caldi
Giallo	
Verde	Colore neutro
Blu	
Indaco	Colori freddi
Viola	

È opportuno sapere che ciascuna stanza possiede una qualità vibratoria propizia alla sua destinazione. Ogni locale della casa ha una funzione ben precisa, il che rende necessario scegliere un colore appropriato, capace di creare e mantenere l'armonia dei suoi abitanti. Ecco, stanza per stanza, i colori consigliati da un esperto in materia, Jean-Claude Nobis, nel suo *Dictionnaire d'application des couleurs*. A titolo indicativo, gli specialisti di radiestesia saranno in grado di verificare tali indicazioni con l'aiuto dei loro pendoli.

Tutti questi colori sono da utilizzare nelle vernici, ma anche con tocchi dati da altri elementi della decorazione.

È anche possibile combinare l'azione delle onde di forma (EDF), studiate in precedenza, con quella dei colori. Esse permettono all'essere vivente di proteggersi dagli effetti nefasti delle onde telluriche come la rete di Hartmann o di Peyré, senza destabilizzare l'armonia della naturale suddivisione a scacchiera agendo sui piani di memoria tellurica dei luoghi interessati e sull'emissione di onde elettromagnetiche.

Possono avere un effetto neutralizzante, compensativo o armonizzatore in funzione del grado di perturbazione di queste onde nocive.

Ingresso	→	Rosso, oro
Salone	→	Bianco, giallo pallido, azzurro chiaro e tutti gli altri colori nei toni pastello
Sala da pranzo	→	Rosso, arancione, giallo chiaro
Camera padronale o degli ospiti	→	Azzurro chiaro, blu scuro, lavanda, lilla (associare con il bianco)
Cameretta dei bambini	→	Identica a quella dei genitori Associarvi giallo o arancione (più tonico)
Bagno	→	Turchese che simboleggia l'acqua, e il suo complementare rosa nei toni pastello
Bagno di servizio	→	Turchese, blu, giallo nei toni chiari
Biblioteca	→	Porpora, rubino, verde intenso, oro
Soggiorno	→	Toni chiari con tocchi vivaci nella decorazione – l'illuminazione dev'essere abbondante
Sala giochi	→	Toni chiari e tonici come il giallo e l'arancio

La combinazione onde di forma-colori si presenta nella forma di un rosone con i colori dell'arcobaleno. Alla fine del libro forniamo le coordinate di Holista.

◇ Da sottolineare ancora

Il colore ha un effetto termico: fa aumentare o diminuire la temperatura di una stanza, respingendo o concentrando i raggi. Infatti, il colore favorisce il fenomeno di ionizzazione (studiato in precedenza), indispensabile alla vita. Le reazioni retiniche al colore hanno un ruolo fondamentale e vitale a livello del sistema nervoso.

Il colore esplica altri potenti effetti sulle funzioni corporee e mentali. A titolo indicativo, ecco qualche indicazione sugli effetti dei colori dello spettro solare tra il rosso e il viola.

I colori sono classificati come caldi, neutri o freddi.

Colori caldi: rosso, arancio, giallo

Il colore rosso

Può essere associato all'elemento fuoco.

Rappresenta il calore che dà energia e vitalità al corpo fisico.

I raggi rossi scompongono i cristalli di sale all'interno del corpo e agiscono come un catalizzatore nel fenomeno di ionizzazione. Gli ioni veicolano l'energia elettromagnetica del corpo.

Sul piano fisiologico il rosso stimola ed eccita i nervi e la circolazione.

Sul piano psicologico esso rappresenta la salute, la collera, il pericolo e la distruzione. Ha un effetto stimolante, eccitante e irritante, e dà all'essere umano un senso di potere.

È in relazione con il primo chakra o centro energetico.

Il colore arancio

È il colore del calore, del fuoco, della volontà e del potere temporale. Simboleggia anche la prosperità. Sul piano psicologico è il colore delle idee e dei concetti.

Sul piano fisico e organico ha un effetto antispasmodico e positivo sul metabolismo del calcio e rafforza i polmoni. Ha la proprietà di stimolare la ghiandola tiroide e ha un effetto depressivo sulla ghiandola paratiroide.

È un colore indicato in caso di acidità di stomaco. Stimola il polso senza influire sulla pressione arteriosa.

È in relazione con il secondo chakra o centro energetico.

Il colore giallo

Questo colore attiva i nervi motori e produce l'energia necessaria ai muscoli. È ottimo anche per il cervello, essendo uno stimolante motorio e nervoso.

Esplica un'azione depurativa su fegato e intestino, e stimola l'apparato digerente.

Il suo effetto psicologico è positivo in caso di prostrazione o malinconia.

Nell'antichità il giallo era considerato il colore stesso della vita, in quanto evoca la gioia, la gaiezza. È anche il colore dell'intelletto e della percezione, piuttosto che della ragione.

È in relazione con il terzo chakra o centro energetico.

Il colore mediano dello spettro: il verde

È il colore dell'azoto, primo componente dell'atmosfera.

Questo colore fortifica i muscoli, le ossa e tutti i tessuti dell'organismo.

Colore lenitivo e calmante dal punto di vista sia fisico che mentale.

La sua azione è sedativa sul sistema nervoso ed è efficace per combattere l'insonnia, l'esaurimento e l'irritabilità.

Ha un ruolo stabilizzatore nell'ambito emotivo e stimola l'ipofisi.

È anche un colore disinfettante, germicida, antisettico e battericida.

Sul piano psicologico i suoi effetti sono rilassanti e unificanti sul corpo eterico.

È il colore della giovinezza, della crescita, della fertilità, della speranza e del rinnovamento.

È in relazione con il quarto chakra o centro energetico.

I colori freddi dello spettro: blu, indaco e viola

Il colore blu

È il colore dell'equilibrio e dell'armonia, capace di regolare la circolazione sanguigna in caso di iperattività.

È rinfrescante, calmante e astringente.

Stimola in generale i metabolismi e la vitalità.

Favorisce la crescita.

È un colore freddo, elettrico, che ha un potere costrittore.

Contrae le arterie, le vene e i capillari, e alza la pressione arteriosa. Molto efficace nelle malattie infiammatorie in ragione della sua azione calmante.

Sul piano psicologico è eccellente in caso di sovraeccitazione.

È il colore della meditazione e dell'attività spirituale. Agisce sul potere creativo. È il colore della calma e della serenità, dell'intuizione e delle facoltà mentali superiori.

È in relazione con il quinto chakra o centro energetico.

Il colore indaco

Colore elettrico, rinfrescante e astringente. Stimolante delle paratiroidi con effetto depressivo sulla tiroide.

È eccellente per il tono muscolare. Esplica un'azione sulle malattie nervose, oltre che sull'olfatto, sugli occhi e sulle orecchie.

Sul piano psicologico permette di controllare le correnti psichiche dei corpi sottili.

Comanda il chakra situato al centro della fronte, chiamato "chakra spirituale" o "terzo occhio".

Questo colore sembra elevare la coscienza del paziente a un livello più importante di vibrazione.

È in relazione con il sesto chakra o centro energetico, ma anche con il terzo occhio.

Il colore viola

Ha un effetto stimolante sui nervi e depressivo sul sistema linfatico.

È un regolatore cardiaco che favorisce la vascolarizzazione della parte superiore del cervello.

Preserva l'equilibrio di potassio e sodio nel corpo.

Favorisce la crescita ossea.

Sul piano psicologico calma l'irritabilità e la violenza. È un regolatore che stimola l'ispirazione e la spiritualità.

Leonardo da Vinci diceva: "La luce viola che cade dalle vetrate di una chiesa può decuplicare la potenza della meditazione.

Per i filosofi orientali il viola comanda l'attività cerebrale centrale, e viene chiamato "Loto dai mille petali".

È in relazione con il settimo chakra o centro energetico, chiamato anche chakra della corona.

Da queste ultime righe possiamo constatare l'importanza degli effetti dei colori sulla materia vivente. La scelta delle tinte da usare nel nostro ambiente non è priva di conseguenze.

In questo settore possiamo lasciarci guidare dall'intuizione, che ci indirizza verso ciò che giova alla nostra salute. È interessante, tuttavia, possedere qualche conoscenza in quest'ambito, per meglio individuare le vibrazioni colorate suscettibili di elevare il nostro livello energetico.

Prima di terminare il capitolo sui colori, ecco qualche consiglio per il loro utilizzo in materia di decorazione; essi possono creare un ambiente pieno di calore oppure un'atmosfera severa.

Prenderemo in esame alcuni colori, in particolare certe tonalità usate nelle abitazioni (estratto dal libro *Dipingere la casa* di Sloan e Kate Gwynn).

Colore giallo acido

È complementare al malva e al viola.

Può essere associato ai colori dello spettro solare che lo circondano, come verdi, gialli e rossi più accesi.

Questa tinta si armonizza molto bene con gli interni più moderni, nei quali può essere impiegato insieme al cromo e per le superfici brillanti.

Colore giallo con tonalità calde

Può essere scelto per interni sofisticati.

Accentua la luminosità e dà risultati migliori se utilizzato negli spazi aperti o nelle stanze grandi.

È molto adatto alle pareti, in quanto si equilibra perfettamente con soffitto e zoccoli bianchi.

Forma una combinazione eccellente anche con quadri, tessuti a motivi stampati e colori più forti: rosso scuro, blu verde e nero.

Colore giallo pallido

Si sposa benissimo con la sua tinta complementare, il porpora rossastro, e dona vita e calore alla decorazione degli interni.

Utilizzata con i grigi, gli azzurri e i bianchi, questa sfumatura di giallo appare dolce e calda.

Colore rosa antico

Questa tonalità di rosa scalda una stanza e viene spesso impiegata negli interni rustici.

Si adatta molto bene alle zone più in ombra e si armonizza con tinte vicine ai rossi e ai bruni.

Colore scarlatto

È un colore che farà effetto su piccole superfici, oltre a essere animato con tocchi di blu e verde brillante o di nero e oro.

L'associazione con il rosso e il bianco è molto efficace.

Colore rosso scuro

È il colore del granato e di un tipo di ciliegie, ed è il più ricco nei toni del rosso.

Colore affascinante e cangiante, conviene perfettamente a una tinta murale, oppure mescolato ad altri.

È molto utilizzato per le sale da pranzo o da ricevimento, e la luce artificiale lo valorizza appieno.

Colore blu con tonalità calda

Perfetto per le pareti di una stanza piccola e buia.

Questo colore fa un certo effetto quando è equilibrato da tinte bianche, oro o giallo.

Colore azzurro vivo

Si armonizza con toni naturali e neutri, con il colore bianco e le sfumature medie del verde.

È perfettamente equilibrato da accessori dorati.

Colore verde scuro

Le tonalità scure del verde sono spettacolari come pittura murale, con una finitura opaca o semilucida.

Esigono però un'illuminazione potente per non apparire nere.

Colore verde chiaro

Molto utilizzato nella decorazione, è un colore facile da integrare. Equilibra molte altre tinte e crea armonie eleganti con il crema, l'avorio e il giallo ocra.

Colore bruno

Si tratta di una tinta semplice da utilizzare, nelle sue tonalità sia calde che fredde. Permette di equilibrare colori forti e di attenuarli, per ottenere un effetto caldo e accogliente.

Colore grigio

Si accorda bene con la maggior parte degli altri colori, compresi il rosa, il verde acceso, il vermiglio e il cremisi.

Come è facile constatare, abbiamo l'imbarazzo della scelta per creare, all'interno della nostra casa, un'atmosfera calda e conviviale, in cui ciascuno possa trovare l'energia per ritemprarsi e godere di un generale benessere.

Importante

È opportuno non trascurare la scelta a livello vibratorio dei colori nella nostra abitazione, perché essi possono esercitare un'influenza molto positiva nella nostra vita.

Non parlare del regno minerale, così strettamente legato all'energia vibratoria dei colori, sarebbe una dimenticanza imperdonabile. Le indicazioni che seguono ci consentiranno di constatarlo agevolmente.

C. I minerali

Alcuni minerali ci aiutano a neutralizzare o ad armonizzare il nostro habitat. Pertanto, essi rientrano nella "cassetta degli utensili" del geobiologo.

Vediamo cosa sono veramente i minerali e quali sono le loro proprietà. Quelli che ci interessano principalmente sono tre:

- il quarzo o cristallo di rocca;
- l'ametista;
- la shungite.

Le virtù dei minerali sono legate in gran parte al colore. Nelle pietre le vibrazioni colorate si concentrano al più alto grado.

È questa la ragione per la quale esse sviluppano un campo energetico potente la cui azione può essere il più delle volte definita dal senso simbolico del colore che caratterizza ciascun minerale. L'intensità di questo campo vibratorio può variare con la forma delle pietre o il modo in cui sono tagliate. Forma e taglio sono amplificatori di vibrazioni colorate che concorrono ad accumulare, condensare e irradiare le energie o forze vibratorie della tinta.

◇ Da sottolineare

Ciascuna delle specie minerali ha un suo significato e virtù particolari.

In generale, tutte quelle contraddistinte da uno stesso colore possiedono caratteristiche derivanti dal significato e dalle virtù di tale colorazione.

Lo scopo di quest'opera non è passare in rivista tutti i minerali e le loro capacità di agire sull'essere umano, per cui prenderò in considerazione quelli in grado di aiutarci sul piano della geobiologia.

1) Il quarzo o cristallo di rocca

I cristalli di quarzo (o biossido di silicio) trasportano, trasformano, convertono e trasmutano l'energia.

Sono anche dei condensatori che, accumulando energia, raccolgono una "carica" che sarà liberata in seguito.

Funzionano su diverse frequenze di onde di particelle o di campi elettromagnetici.

Il cristallo di rocca o quarzo attira e assorbe l'energia terrestre geomagnetica proveniente dal campo magnetico della terra, oltre che l'energia cosmica (radiazioni solari).

Il cristallo di quarzo è di forma esagonale, pertanto ha sei facce e un'estremità appuntita che libera una fortissima energia.

Se possiede due punte, ha due centri focalizzatori di energia.

Tagliato via dalla sua struttura minerale d'origine, un cristallo mostra in genere una base che libera una forte energia.

◇ Da sottolineare

I cristalli di quarzo si formano nella terra a grande profondità. Crescono in configurazioni simili a infiorescenze vegetali.

Si valuta che un terzo della struttura minerale del globo terrestre sia formato da cristalli di quarzo. In effetti, la terra funziona come un generatore elettromagnetico.

Importante

Ogni elemento in contatto con un cristallo di quarzo capta una carica d'energia che può arrivare a saturazione in pochi minuti. Più il periodo è lungo, più la carica è intensa.

L'energia trasmessa dal cristallo penetra tutti gli elementi della materia, perfino l'acqua (H_2O), di cui impregna la struttura atomica.

Esso opera come un circuito energetico che intrattiene con l'energia cosmica rapporti di interazione rilevabili attraverso la materia. Il suo campo elettromagnetico, definito anche "aura", può estendersi fino a un metro circa in ogni direzione, e fino a più di due metri a partire dalla punta.

Le vibrazioni prodotte dal quarzo hanno la capacità di captare e magnetizzare l'energia, attirando così le vibrazioni provenienti da altre forme viventi, ma anche dall'ambiente.

Il quarzo può essere utilizzato a fini terapeutici sugli esseri viventi, ed è anche capace di agire sull'ambiente attraverso la sua potenza energetica, eliminando gli ioni positivi per sostituirli con ioni negativi, che in questo modo procurano un senso di generale benessere in chi è presente in quel luogo.

Un'altra delle sue proprietà consiste nel focalizzare l'energia. Per tale motivo può agire come un vero e proprio laser. Per saperne di più sul cristallo di quarzo, consiglio di leggere il libro *Cristal de quartz, véhicule de lumière* di Ghislaine D. Martel, Éditions de Mortagne.

Utilizzo del cristallo di quarzo nell'abitazione

Il quarzo o i quarzi possono essere posti in qualsiasi stanza della casa, principalmente in quelle con basso potenziale vibratorio, di preferenza sui davanzali delle finestre, con la punta rivolta verso l'interno della stanza per captare le energie e diffonderle di nuovo.

◇ Importante

Non si deve dimenticare di scaricare regolarmente i cristalli di quarzo, passandoli sotto l'acqua corrente o lasciandoli per una giornata in acqua salata, affinché ridiventino operativi. Inoltre, nelle sere di luna piena vanno posti sul davanzale di una finestra affinché ricevano le energie "yin", lasciandoveli l'indomani perché captino le energie "yang" dal sole (i minerali possiedono questa doppia polarità).

Dopo questa operazione, saranno più potenti per energizzare la casa e i suoi abitanti.

2) L'ametista

Possiede la potenza della famiglia dei quarzi.

Si distingue dal cristallo di quarzo per il suo colore violetto (colore del chakra della corona, settimo centro energetico).

È considerata la pietra della purificazione.

Purifica tanto gli oggetti quanto i luoghi e l'aura degli esseri umani.

La sua forza di riarmonizzazione permette di stabilizzare le energie del corpo.

◇ Da sottolineare

L'ametista possiede la proprietà di purificare l'atmosfera dei luoghi in cui si trova e di procurare rilassamento e pace.

Per tale motivo può essere utilizzata nelle camere da letto per contribuire al sonno calmo e profondo degli abitanti.

Al contrario, in un luogo in cui si soggiorna come un salone, se accompagnata da un cristallo di rocca a punta permette di aumentare il tasso vibratorio della stanza.

Protegge anche dalle energie negative sul piano astrale.

3) La shungite

Minerale di origine organica che risale a più di due miliardi di anni fa.

La sua origine organica è legata al mistero della comparsa della vita sulla terra, e continua a meravigliare il mondo scientifico.

La si può trovare unicamente nel nord-ovest della Russia, in Carelia nella regione del lago Onega, chiamata Shunga, vicino al Mar Bianco.

È una forma particolare di carbonio, una roccia sedimentaria.

Alcune ricerche condotte negli Stati Uniti hanno dimostrato che la shungite allo stato naturale è composta principalmente di fullereni.

La sua struttura è a forma di icosaedro troncato, che somiglia a un pallone da calcio fatto di venti esagoni e dodici pentagoni, con un atomo di carbonio al vertice di ciascun poligono e un legame a ogni lato del poligono stesso.

Nell'ambito della litoterapia, la shungite è una pietra fondamentale per le sue proprietà, che le consentono di:

- neutralizzare l'impatto delle radiazioni elettromagnetiche;
- stimolare il primo chakra, porta di entrata dell'energia vitale;
- ridensificare il campo vitale;
- non caricarsi mai negativamente, al contrario della tormalina, che è necessario scaricare.

Per quanto concerne l'abitazione, non è priva di importanza nella misura in cui è efficace per combattere le perturbazioni elettromagnetiche emesse dagli apparecchi moderni (wi-fi, computer, telefoni cellulari ecc.).

Una sfera di shungite posizionata nelle stanze armonizzerà e apporterà un'atmosfera serena.

Nel caso delle onde elettromagnetiche pulsate, l'informazione corretta si irradierà con la stessa potenza della fonte di nocività di origine, ma in versione biocompatibile e positiva.

◇ Da sottolineare

In occasione di analisi bioenergetiche effettuate su persone dichiarate "elettrosensibili", sono stati rilevati blocchi energetici a livello del primo chakra, quindi un cattivo ancoraggio.

Indossando una shungite, queste persone hanno visto scomparire rapidamente le interferenze nocive.

Si consiglia anche di utilizzare le pietre di shungite cristallina sui contatori elettrici e sul foglio di mica programmato a livello dei computer e dei cellulari.

◇ Da sottolineare ancora

Alcuni geobiologi che utilizzano la shungite hanno constatato abbassamenti della soglia di radioattività ambientale grazie all'utilizzo di piramidi in shungite sulle faglie.

TERZA PARTE

1. RADIESTESIA E RADIONICA

Utilizzo della radiestesia in geobiologia

La radiestesia è un metodo di rilevamento fondamentale in geobiologia, come è possibile capire dai miei scritti.

Alcune persone molto sensibili hanno perfino la capacità di sondare "a mani nude" l'interno di un luogo.

Esse si servono delle proprie mani come di vere antenne, con le braccia tese, e quindi recepiscono le diverse sensazioni di calore, freddo, pizzicore, in funzione del loro genere di sensibilità, quando sono in presenza di onde negative.

In tal caso si mettono in stato di allerta. Questo rilevamento non consente di determinare se si tratta di onde negative concrete (telluriche-elettromagnetiche) o astratte (memoria dei muri). È un buon approccio, ma non abbastanza preciso.

La radiestesia, invece, è una tecnica che permette al geobiologo di effettuare ricerche molto accurate, a partire dal momento in cui riceve le informazioni necessarie per porre le domande giuste.

La conoscenza dei principi di base è una condizione necessaria per comprendere cos'è la radiestesia e darle tutta la credibilità che esige una facoltà umana in parte dimenticata nel corso dei millenni, e per mettere fine alle teorie improvvisate, incomplete, non ponderate o fantasiose che molto spesso si oppongono al suo sviluppo, pregiudicandolo.

Ricordiamo che la paternità del termine "radiestesia" si deve all'abate Bouly, che lo ha "inventato" alla fine del XIX secolo. Precedentemente, l'arte radiestesica era praticata con il nome di "rabdomanzia" e "stregoneria", o arte della magia.

Rhabos significa "bacchetta". La rabdomanzia era l'arte di scoprire fonti, tesori, persone oppure oggetti scomparsi grazie alla bacchetta.

Lasciamo però l'ambito dell'empirismo ancestrale per fornire spiegazioni più in accordo con le ricerche della nostra epoca.

Per spiegarlo, dobbiamo riconoscere che tutto è energia.

Il cosmo, la materia, le forme della materia, i pensieri, sono energie che emettono vibrazioni che le caratterizzano.

Tutte le cellule del nostro corpo emettono e ricevono vibrazioni, in particolare quelle del cervello, sede del pensiero. Infatti, queste ultime possiedono la facoltà di entrare in risonanza (ricettività) sia per loro disposizione naturale, sia per comando del nostro pensiero volitivo di selezionare certe frequenze portatrici di dati, farne la sintesi e tradurle in messaggi convenzionali accessibili al nostro intelletto.

Questa entrata in risonanza costituisce l'equivalente di una sintonizzazione radiofonica su una determinata emittente.

Chiamiamo "intuizione" questa conoscenza per extrasensorialità.

L'intuizione può essere spontanea o provocata (è il caso del radiestesista al momento di una ricerca).

◇ Da sottolineare

L'intuizione è una facoltà umana naturale che è possibile coltivare e sviluppare in certe condizioni.

Tali constatazioni spiegano e giustificano il "fenomeno radiestesico", che è espressione di un'intuizione provocata, che a sua volta si manifesta con movimenti riflessi secondo convenzioni appropriate.

Come ogni essere umano, il radiestesista è insieme trasmettitore e ricevitore di onde.

Il suo pensiero condiziona la messa in risonanza per mezzo dell'interesse convogliato sull'emittente (che può essere materia, forma o psiche) per concentrare al massimo il pensiero sul problema da risolvere.

◇ Da sottolineare

Per meglio focalizzare il pensiero, il radiestesista ricorre al testimone.

In radiestesia il testimone è la rappresentazione vibratoria dell'oggetto della ricerca, materializzato il più delle volte da una foto o uno scritto, da uno schema o più semplicemente dalla parola che lo determina ("testimone-parola").

Importante

La messa in sonno del pensiero razionale

Questa messa in sonno è favorita dalla concentrazione del pensiero sul problema da risolvere (aiutato dal testimone) e da un sufficiente rilassamento. Essa si ottiene, il più delle volte, soltanto dopo un lungo apprendistato.

Come il pensiero razionale si esprime attraverso convenzioni (linguaggio, scrittura, mimica), così anche l'intuizione si esprime attraverso convenzioni. Tali convenzioni non possono essere il linguaggio o la scrittura, che esigono memoria o volontà, quindi ragione, ma derivano dalla mimica, vale a dire da convenzioni esclusivamente neuromuscolari che rispondono a riflessi il più possibile semplici.

Il linguaggio più semplice è il linguaggio binario, che si esprime con sì o no.

Non tutti i radiestesisti utilizzano la stessa convenzione: si tratta di una caratteristica strettamente personale.

Per coloro che si servono del pendolo a fini di ricerca, quest'ultimo non ha grande scelta di movimenti. Può ruotare (in senso orario o antiorario) o equilibrarsi da davanti a dietro o da sinistra a destra (oscillazione).

Per determinare la convenzione da usare, si può consultare la mia opera *Cours complet de radiesthésie*, in cui espongo il metodo.

◇ Da sottolineare

I radiestesisti che si servono della bacchetta per operare su un terreno utilizzano solo la convenzione positiva, dal momento che il sì alla domanda posta viene tradotto soltanto da un deciso movimento della bacchetta, il più delle volte verso il basso.

Tuttavia, sarebbe possibile utilizzare anche un linguaggio binario.

Il sì e il no sarebbero allora tradotti dal movimento diretto della bacchetta verso l'alto o verso il basso.

La radiestesia è una tecnica di applicazione universale, che pertanto può essere utilizzata in tutti gli ambiti di attività.

◇ Da sottolineare

Nella storia della radiestesia l'acqua è stato probabilmente il primo oggetto della ricerca.

Non è inopportuno ricordare il bastone di Mosè e perfino certi disegni preistorici.

Alla luce dei lavori del professor Rocard è possibile parlare di rabdomanzia propriamente detta o di idrologia, un ambito che interessa anche il geobiologo, egli stesso radiestesista.

Senza essere necessariamente un rabdomante, è in grado di rilevare la presenza di acqua sotto l'abitazione.

Torniamo al professor Rocard e alle sue scoperte. Egli ha individuato l'agente fisico che rende i rabdomanti sensibili alla presenza di acqua corrente.

In questo caso, la bacchetta salta quando l'organismo del rabdomante si trova nell'area di una variazione di "campo magnetico terrestre", provocata da correnti di elettrofiltrazione di un'acqua corrente, da masse metalliche in movimento o da variazioni di corrente elettrica.

L'organismo reagisce a tale variazione del campo magnetico terrestre come ad altri agenti fisici, onde luminose, onde sonore, raggi X ecc.

La sensibilità all'acqua è la più diffusa e, secondo il professor Rocard, il 50 per cento degli individui sarebbe in grado di vedere la bacchetta ruotare tra le proprie mani.

Se è vero che questa facoltà è comune a molti, ciò nonostante esige tutte le nostre capacità, informazione e addestramento.

Qualche conoscenza di geologia e idrologia faciliterà i rilevamenti di rabdomanti e geobiologi.

◇ Da sottolineare

Le ricerche possono essere condotte sia sul terreno che su una piantina (si veda il metodo di lavoro a distanza in *Cours complet de radiesthésie 2*).

Consiglio di apprendere la radiestesia al fine di controllare i vantaggi offerti dalla propria abitazione o perfino arrivare a individuare le fonti di emissione di onde nocive... grazie all'utilizzo del pendolo.

Più oltre studieremo i metodi di ricerca e anche i pendoli, che rappresentano gli strumenti più idonei a questi rilevamenti.

A titolo di esempio, immaginiamo di voler costruire la nostra casa. A cosa può servirci la pratica della radiestesia? A scegliere:

- il terreno, vale a dire individuare eventuali correnti telluriche, faglie, falde acquifere sotterranee;
- i materiali, vale a dire testare quelli più o meno vantaggiosi per la nostra salute;
- i rivestimenti della casa per quanto riguarda pareti, pavimenti e soffitti;
- il sistema di isolamento;
- i colori e le armonie degli interni;
- l'orientamento delle stanze;
- l'orientamento dei letti in ogni camera da letto;
- la collocazione migliore dei mobili nelle stanze, oltre agli elementi decorativi più favorevoli per il nostro habitat ecc.

A tal fine, in radiestesia esistono due metodi di rilevamento:

1) il metodo di rilevamento per mezzo della convenzione mentale (risposta sì o no) (si veda il mio *Cours complet de radiesthésie 1*);
2) il metodo di rilevamento per mezzo della radiestesia oscillatoria, molto utilizzato dai geobiologi.

Spiegherò ora il metodo di lavoro a distanza in modo che sia possibile scoprirne l'impatto in relazione alle numerose ricerche necessarie in geobiologia (metodo descritto nei dettagli nel *Cours complet de radiesthésie 2*).

A. Metodo di rilevamento per mezzo della radiestesia oscillatoria e varie ricerche

Che cosa intendiamo con l'espressione "radiestesia oscillatoria"? Essa fa appello al concetto delle onde emesse dalle forme: riassumerò qui di seguito l'argomento che ho già trattato in precedenza parlando delle onde di forma (EDF).

Tutti gli esperimenti già condotti da scienziati come Chauméry, Bélizal, Morel e altri trovano riscontri inattesi nella nostra vita quotidiana, negli ambiti della casa e della salute.

Come sappiamo, le onde di forma appartengono al mondo fisico degli oggetti, e soprattutto alle forme geometriche.

Nel particolare caso della pratica della radiestesia oscillatoria, utilizzeremo la figura geometrica che rappresenta un semicerchio, o per meglio dire quella della forma di un rapportatore.

Il rapportatore è un semicerchio diviso in gradi, a partire dal centro della sua base, al fine di ottenere suddivisioni eguali che ci consentono di integrarvi gli elementi della nostra ricerca da una parte, e di ottenere un movimento del pendolo durante le nostre ricerche dall'altra.

Infatti, il pendolo recettore prenderà il movimento e la direzione dei diversi raggi nei quali è suddiviso il rapportatore, per cui sui ottiene un movimento necessariamente oscillatorio del pendolo stesso.

Quest'ultimo infatti, non fa altro che captare l'onda di forma emessa dall'irradiazione del semicerchio.

◇ Da sottolineare

La figura geometrica del semicerchio, che serve da supporto alla radiestesia oscillatoria, può essere utilizzata tanto nella radiestesia diretta quanto nella teleradiestesia con l'aiuto di un testimone (scrittura, foto).

Chi intende allenarsi troverà qui di seguito, schematizzato, un rapportatore di base diviso in otto parti eguali, sul quale si possono effettuare otto diverse ricerche.

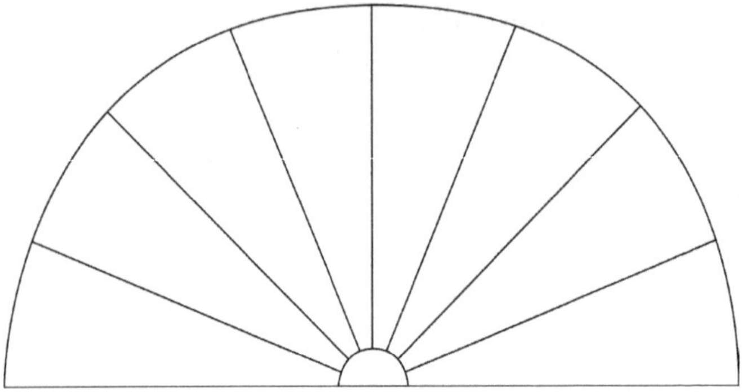

◇ Da sottolineare

È anche possibile creare ogni volta che si vuole un proprio rapportatore con dati personali.

Come si può constatare, in questo rapportatore c'è un punto riservato al dito che la persona interessata dall'interrogazione radiestesica (se si tratta di radiestesia diretta) poggerà su una fotografia dell'abitazione o di una stanza, sulla quale viene effettuato lo studio. Si tratta di teleradiestesia applicata alla geobiologia.

Le domande da formulare sono assolutamente identiche a quelle della metodologia classica (si veda, nella mia opera *Cours complet de radiesthésie 2*, la metodologia dei rilevamenti per mezzo della radiestesia oscillatoria, alle pp. 74, 75, 76 ecc.).

Per quanto concerne l'ambito della geobiologia, la radiestesia oscillatoria si rivela molto pratica: è sufficiente raggruppare, in diversi rapportatori precisi specificamente concepiti a tal fine, i diversi elementi di ricerca, vale a dire le diverse cause di onde nefaste. Queste ultime saranno classificate e repertoriate, procedendo quindi per eliminazione.

Primo rilevamento da prendere in esame

Situazione delle onde nocive nell'abitazione:

- all'esterno;
- a livello dei muri;
- a livello del tetto;
- a livello del soffitto;
- a livello del suolo;
- a livello del sottosuolo;
- a livello della cantina;
- a livello dell'entrata;
- a livello del corridoio;
- a livello del salone;
- a livello della sala da pranzo;
- a livello delle camere da letto;
- a livello della cucina;
- a livello della stanza da bagno;
- a livello del wc;
- a livello del solaio.

Va precisato che questa ricerca può essere effettuata con il metodo della radiestesia classica, ma sarà molto più rapida con quello della radiestesia oscillatoria.

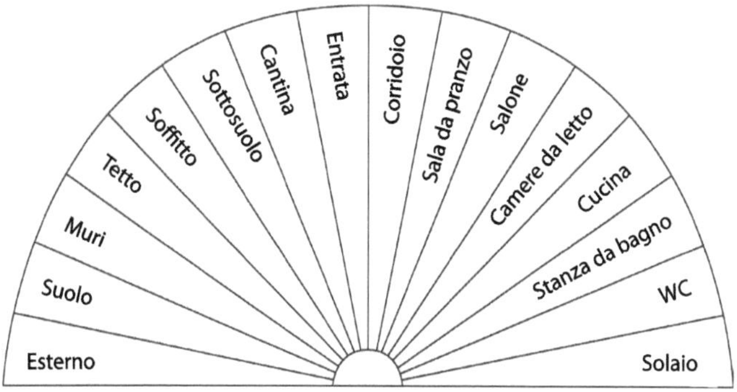

Secondo rilevamento da prendere in esame

Le cause di onde nocive di origine architettonica e biotica:

- forma della costruzione;
- materiali da costruzione;
- errato orientamento;
- inquinamento dell'aria;
- insufficienza di luce;
- rivestimento delle pareti;
- volumi interni senza sbocchi;
- presenza all'interno di "EDF" (emissioni di forma);
- ionizzatore ambientale;
- altre forme di inquinamento.

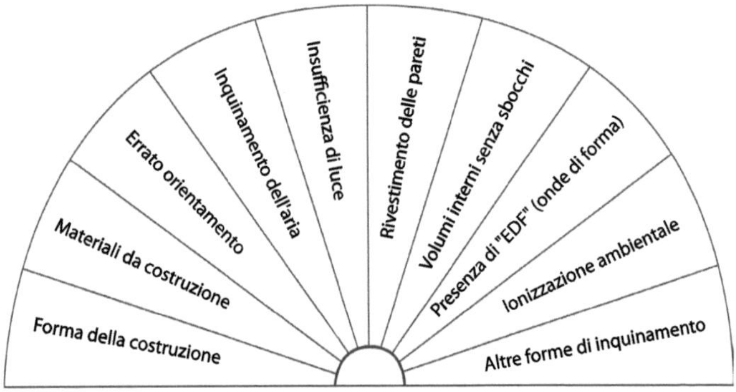

Terzo rilevamento da prendere in esame

Le cause di onde nocive di origine elettromagnetica:

- campo di alta tensione elettrica;
- presenza di una ferrovia nelle vicinanze;
- presenza di un trasformatore ad alta tensione elettrica nelle vicinanze;
- presenza di uno o più emittenti direzionali;
- campo elettrostatico;
- ripetitore sul tetto;
- presa di terra difettosa;
- inquinamento da schermi catodici (televisore, computer, videogiochi);
- inquinamento da microonde;
- altre forme di inquinamento elettromagnetico.

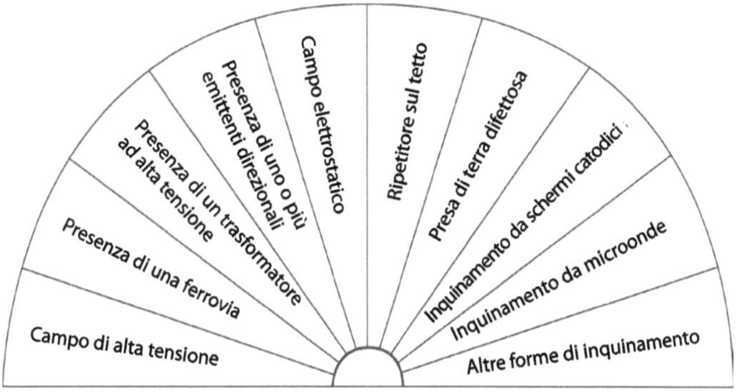

Quarto rilevamento da prendere in esame

Le cause di onde nocive di origine tellurica:

- intersezione della rete di Hartmann;
- intersezione della rete di Curry;
- acqua stagnante;
- acqua circolante;
- faglia;
- presenza di radon;
- radioattività in eccesso dal sottosuolo;
- presenza di un antico cimitero;
- presenza di una cavità chiusa;
- presenza di minerali metallici nel sottosuolo.

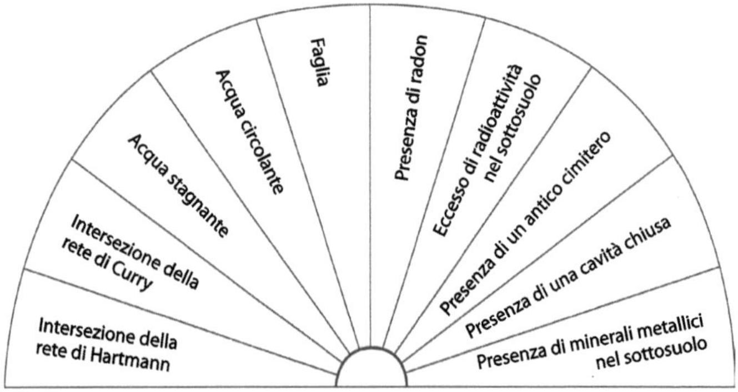

Quinto rilevamento da prendere in esame

Le cause di onde nocive di origine incorporea e paranormale:

- onde di forma (EDF);
- memoria dei muri;
- mobili e oggetti antichi;
- gioielli antichi;
- maschere africane;
- onde lasciate da una malattia fisica o mentale;
- onde emesse da pensieri negativi;
- presenza di entità;
- magia negativa – operazioni occulte;
- sortilegio a distanza.

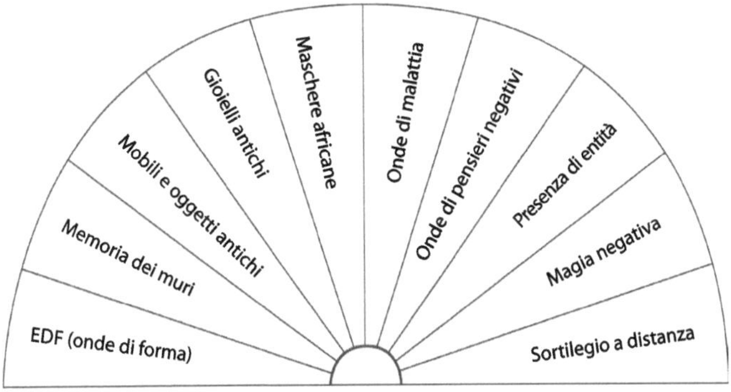

È evidente che questo lavoro di ricerca effettuato dal radiestesista è molto importante. Esso non potrà in nessun caso sostituire, qualora si riveli necessario, uno studio geobiologico approfondito.

◇ Da sottolineare

È possibile rilevare diverse cause nefaste a livello dell'abitazione.

In tal caso, è opportuno valutarne l'importanza: sarà necessario confezionare allo scopo un nuovo rapportatore diviso in parti eguali, come quello dello schema precedente, che ci consenta di quantificare l'impatto.

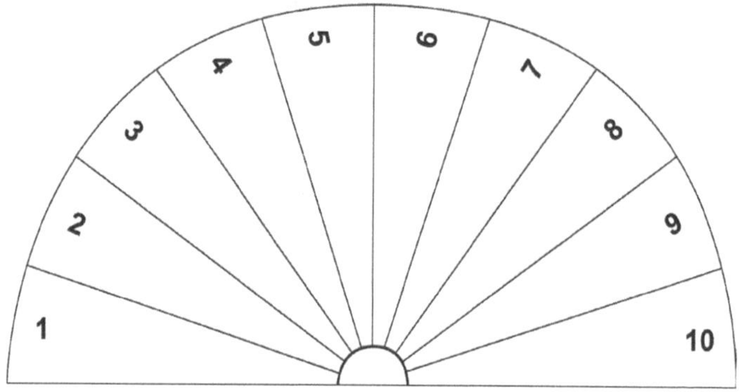

Questo schema è diviso in settori eguali, secondo un ordine di grandezza da 1 a10.

È interessante conoscere l'estensione di certe onde nefaste sull'abitazione, al fine di individuare meglio i metodi per neutralizzarle o effettuare un'armonizzazione.

Propongo di utilizzare anche la radiestesia oscillatoria per un'altra ricerca di cui abbiamo già parlato: si tratta dell'acqua.

Infatti, come sappiamo, in rapporto alla sua presenza nel sottosuolo possono presentarsi diverse situazioni, e un nuovo rapportatore potrà facilitare la ricerca. Ecco gli elementi da considerare:

- presenza di un corso d'acqua;
- presenza di una falda freatica;
- presenza di acqua corrente;
- presenza di acqua stagnante;
- presenza di una condotta;
- presenza di una fogna;
- presenza di una sorgente;
- presenza di un incrocio tra due corsi d'acqua;
- presenza di sovrapposizione tra due corsi d'acqua…

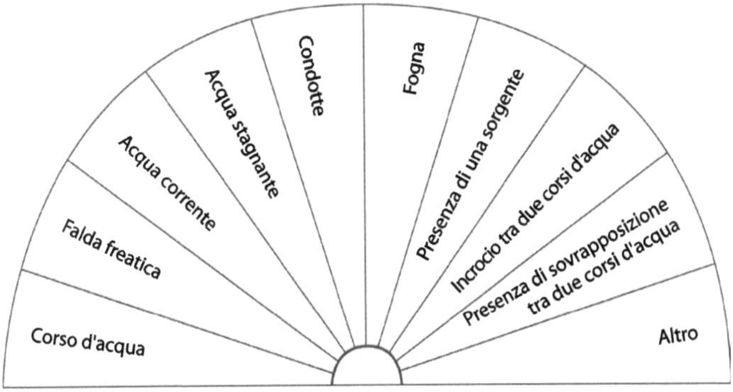

(Tratto dal libro *Le Pendul'Or* di Dominique Coquelle)

◇ Da sottolineare

Quando si lavora in radiestesia diretta sul luogo con l'aiuto della radiestesia oscillatoria, per effettuare il rilevamento è necessario "collegarsi" o concentrarsi sull'ubicazione prescelta: in questo caso non abbiamo la piantina come supporto.

Il pendolo fornisce la risposta in maniera identica, ma tale tecnica esige dall'operatore la massima concentrazione.

Questo elenco di rapportatori utilizzati nella radiestesia oscillatoria non è esaustivo.

Chiunque ha la possibilità di crearne personalmente altri per completare le ricerche in relazione alle numerose scelte da affrontare per armonizzare l'abitazione.

Per terminare il discorso sulla radiestesia oscillatoria e il suo utilizzo in geobiologia, ecco un rapportatore che riproduce il biometro di Bovis, di cui abbiamo già parlato. Viene utilizzato dai geobiologi per effettuare una "auscultazione energetica" del luogo, e in particolare di ogni stanza della casa.

È tarato da 0 a 18.000 angström, e permette di ricercare il tasso vibratorio di un luogo o una persona.

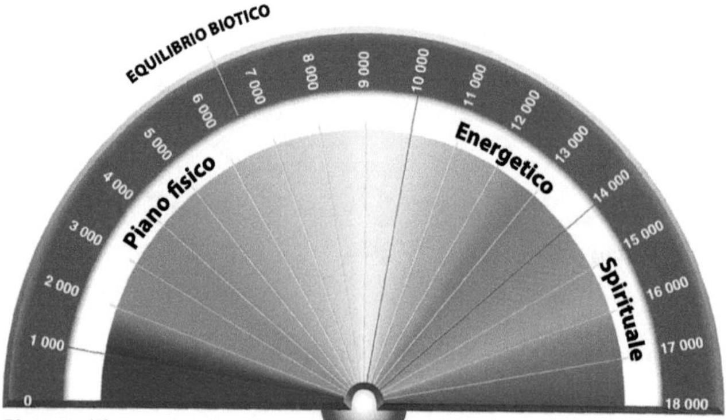

Biometro (1)

(Tratto dal libro *Le Pendul'Or* di Dominique Coquelle)

È il secondo strumento da utilizzare da parte degli esperti geobiologi al fine di misurare l'irradiazione del verde negativo elettrico.

Il raggio verde negativo può essere generato dalle onde di forma (EDF) già citate in precedenza, ma anche provenire dal centro della Terra e trovarsi stimolato o amplificato da differenti anomalie geobiologiche o artificiali (reti, faglie, corsi d'acqua e alcune forme di inquinamento elettrico).

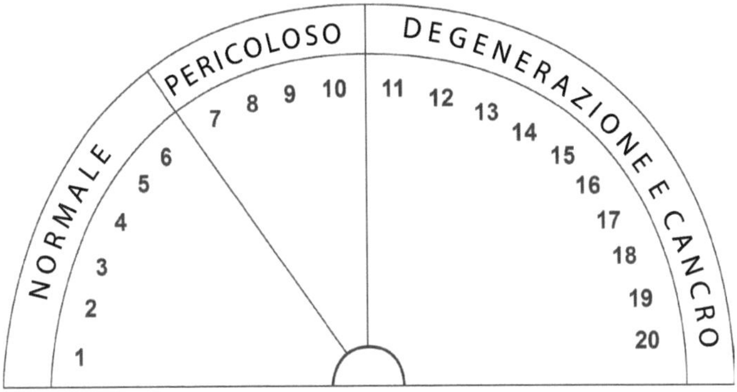

(Tratto dal libro *Le Pendul'Or* di Dominique Coquelle)

Affronteremo ora lo studio degli strumenti del radiestesista, in particolare nell'ambito della geobiologia.

È vero che la bacchetta è e rimane lo strumento privilegiato del rabdomante.

Tuttavia, per quanto concerne i molti rilevamenti che interessano la radiestesia, il pendolo è senz'altro lo strumento più utilizzato.

B. Il pendolo come mezzo di rilevamento

È l'intermediario tra l'operatore e l'oggetto della sua ricerca.

Sulle riviste specializzate è possibile reperire numerosi tipi di pendolo.

A chi ama questo strumento consiglio, per sceglierne uno, di leggere la mia opera *L'Encyclopédie des pendules*, Éditions Trajectoire, in cui vengono presentati più di duecento pendoli con le rispettive caratteristiche e gli usi più idonei.

In sintesi, esistono due grandi categorie di pendoli:

- i pendoli ricettori (permettono di captare le energie emesse dall'oggetto della ricerca), la categoria più generale, in quanto li comprende tutti;
- i pendoli insieme ricettori e trasmettitori, i quali emettono onde in direzione di un oggetto preciso per modificarne le vibrazioni grazie al materiale di cui sono fatti o alla loro composizione basata sulle onde di forma (EDF).

Ai fini di quest'opera e dell'ambito preso in esame, la geobiologia, ne ho selezionati alcuni in grado di aiutare il radiestesista o il geobiologo a effettuare le ricerche e a riarmonizzare un luogo grazie alle loro capacità emittenti.

C. Alcuni pendoli specifici

a) Il pendolo universale

Non si può non parlare del "pendolo universale" messo a punto da Chauméry e Bélizal nel 1936.

La creazione di questo rilevatore ha segnato una data importante e determinante per le emissioni di forma.

Essi collaborarono nell'elaborazione di una teoria che avrebbe confermato i principi del metodo, in seguito rapidamente riconosciuti da tutti i ricercatori seri.

Il loro obiettivo era l'esatta localizzazione di tutte le vibrazioni dello spettro, qualunque fosse l'argomento studiato.

Per riuscirvi venne loro in mente di utilizzare le proprietà della sfera, la forma volume non solo più potente, ma in grado di riunire in sé la totalità dei parametri geometrici.

Misero a punto un pendolo in legno di forma sferica che definirono "universale" perché il suo utilizzo permetteva di entrare in risonanza con le vibrazioni di forma presenti in ogni punto della sfera, in altre parole con la totalità dei colori-vibrazioni dello spettro visibile e invisibile, il che offriva la possibilità di studiare tutte le vibrazioni emananti da una forma.

Il "pendolo universale" si presenta nella forma di una sfera rigorosamente equilibrata di circa 60 mm di diametro e del peso di 125 grammi.

"Questo pendolo, così come è stato concepito, è un ricevitore-trasmettitore ideale tanto per le ricerche sul campo quanto per gli studi in laboratorio, e possiede inoltre la grande qualità di presentare una particolare sensibilità in ciascuno dei settori che attengono alla radioattività, sia essa naturale o artificiale".*

◇ Da sottolineare

Questa possibilità di rilevamento del tasso di radioattività è particolarmente interessante, soprattutto ai nostri giorni.

Il pendolo permette in particolare di individuare i corpi della tavola di Mendeleev (classificazione periodica di tutti gli elementi

---

* *Physique et radiesthésie micro-vibratoire* di André de Bélizal e P.-A. Morel, Éditions Servranx, 1999.

chimici). Offre i vantaggi di un potente trasmettitore (di EDF).

Per saperne di più sul pendolo universale si può fare riferimento all'opera di Bélizal e Morel citata in nota.

b) Il pendolo a cono fittizio

Rientra nella stessa categoria di pendoli.

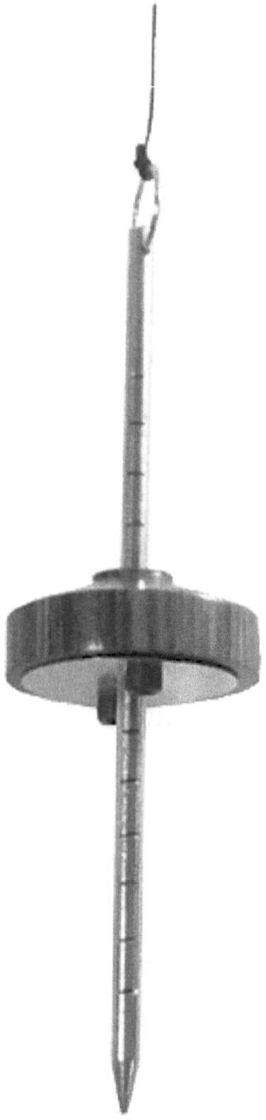

Altra creazione di André de Bélizal e Léon Chauméry, possiede anch'esso proprietà universali.

Come il pendolo universale, è graduato su tutte le vibrazioni dello spettro visibile e invisibile. Il corpo verticale è composto da uno stelo di legno cilindrico con una faccia piana sulla quale sono segnati i colori. Il filo del pendolo è fissato a una delle sue estremità. Un disco anch'esso cilindrico scorre perpendicolarmente sullo stelo che funge da asse. Secondo la sua posizione, il disco crea un cono immaginario tra i suoi bordi e l'estremità inferiore dello stelo.

Questa figura geometrica astratta emette una vibrazione che è possibile leggere immediatamente sullo stelo graduato in lunghezze d'onda.

Il pendolo è capace di "collegarsi" a un certo numero di lunghezze d'onda, soprattutto per le ricerche di biometria, a partire da tavole anatomiche.

Dà ottimi risultati in geobiologia al livello delle forme e dei colori. È un pendolo ricevente e trasmettitore.

c) Il pendolo equatoriale

Altro strumento di tipo universale, il pendolo equatoriale è stato ideato da Jean de la Foye, ricercatore e innovatore in materia di "campi microvibratori ed emissioni diverse".

Ha un diametro di 60 mm e un peso di 110 grammi per un'altezza di 5 cm. Ha forma sferica ed è perforato da parte a parte ai due poli, per consentire il passaggio del filo di sospensione.

Presenta altri fori sul piano equatoriale, che corrispondono a raggi localizzati lungo gli assi direttivi del "campo di forma".

Siamo in presenza di ventiquattro colori dello spettro luminoso, suddivisi in dodici colori elettrici e dodici magnetici: un semicerchio equatoriale elettrico e l'altro magnetico.

Un filo di rame con un indice scorre lungo una scanalatura equatoriale e permette in tal modo di determinare con precisione la graduazione voluta.

Una volta regolato, il "pendolo equatoriale" reagisce per "risonanza", dal momento in cui rileva la vibrazione corrispondente.

Questo pendolo viene utilizzato principalmente nella geobiologia e può aiutare a effettuare ricerche in laboratorio.

È un pendolo trasmettitore-ricevente.

d) Il pendolo egiziano

È uno strumento di radiestesia che risale al tempo dei faraoni.

Scoperto in un sarcofago della Valle dei Re, è la prova evidente del fatto che gli Egizi di epoca faraonica conoscevano e praticavano la radiestesia.

Il pendolo è in legno di ferro, molto resistente e inalterabile. Rafforzato al centro da un cerchio metallico, il suo peso medio è di 22 grammi.

Presenta la peculiare particolarità di non impregnarsi e di non caricarsi delle onde o emissioni studiate.

Si sintonizza con tutti gli elementi di Mendeleev.

Attraverso la semplice onda-pensiero, è possibile individuare alcuni metalli come l'oro, il rame, il platino ecc.

Altre particolarità di questo pendolo

Orientato ai quattro punti cardinali, esso emette:

- a nord il verde negativo;
- a sud il verde positivo;
- a est il rosso;
- a ovest il viola.

È particolarmente sensibile alla radioattività e può essere utilizzato dai geobiologi in quest'ambito di ricerca.

Possiede le qualità necessarie a individuare le onde nocive telluriche, senza una regolazione particolare.

È anche un pendolo trasmettitore.

Se lo si fa girare in senso orario, emette un'onda "verde negativo" che consente di caricare un oggetto, un documento o dell'acqua di un'influenza astratta, di una forma, un pensiero o un colore ecc., e tutto ciò mentalmente.

Facendolo girare in senso inverso è possibile disimpregnare la carta, l'acqua o l'oggetto dell'influenza di cui erano stati caricati.

◇ Da sottolineare

Il pendolo rimane neutro: non è necessario scaricarlo e non si impregna delle ricerche anteriori.

Nella nostra epoca esistono materiali molto diversi, come legni rari e preziosi quali il bosso o il mogano, o anche i legni minerali.

Anche questi pendoli sono dei trasmettitori in virtù della loro forma, poiché sono tutti concepiti a partire da una proporzione: il numero aureo (1,618).

A tale titolo possono essere utilizzati per i rilevamenti a livello dei luoghi, oppure come trasmettitori per scaricare una stanza dell'abitazione da alcune delle sue energie negative e ricaricarla di energia positiva. Questa operazione può essere verificata con l'aiuto del biometro di Bovis prima e dopo l'utilizzo del pendolo egiziano (per saperne di più sui diversi tipi di pendoli egiziani si può fare riferimento alla mia opera *Encyclopédie des pendules*, in cui ho dedicato all'argomento un intero capitolo).

e) Il pendolo Pema

Concepito in alluminio dorato e oro fino, con un peso di 36 grammi per un'altezza di 5,5 cm, è straordinario per le possibilità che offre in materia di ricerche radiestesiche. È uno strumento elettromagnetico amplificatore.

Permette di entrare istantaneamente in "sintonia" con le onde radiestesiche desiderate. È uno strumento molto utile nei settori di ricerca dell'agricoltura, della geologia, della geobiologia, delle ricerche industriali ecc.

Il suo sistema elettromagnetico è rappresentato da quattro magneti cilindrici, essi stessi composti da quattro metalli speciali.

f) Il pendolo Aura-spettro (conosciuto anche come pendolo "americano" o "a colori")

Molto particolare, questo pendolo pesa 55 grammi per un'altezza di 10 cm. Esiste in legno (più leggero) o in ottone.

Sulla superficie del cilindro conico un indice in "nylamed" permette di selezionare i colori dello spettro luminoso, andando dall'infrarosso all'ultravioletto, grazie a un anello di rame che può scorrere a volontà per tutta l'altezza del corpo cilindrico.

La sua concezione è il risultato del lavoro di un gruppo di ricercatori californiani, diretti dal radiestesista Christopher Hills.

È un eccellente pendolo ricevitore e trasmettitore dello spettro elettromagnetico. Può essere molto utile per determinare i colori più favorevoli per l'abitazione.

g) Il pendolo Armonia

È un pendolo da me concepito, che mi permetto di presentare.

Questo strumento rientra nella categoria dei pendoli tanto "ricevitori" che "trasmettitori".

È utile per la riarmonizzazione sia dei luoghi che delle persone.

La sua potenza vibratoria poggia sul buon uso degli elementi fondamentali e vitali della nostra terra, tanto per la sua forma quanto per i materiali di cui è costituito, ossia il metallo (rappresentato dall'ottone), che si considera "neutro" al fine di facilitare ogni tipo di ricerca, le pietre dure e il legno presenti sulla catena, in particolare il cristallo di rocca che simboleggia l'energia acqua e l'ematite che rappresenta l'energia fuoco.

Troviamo quindi nel pendolo "Armonia" i cinque elementi del feng shui (il metallo è rappresentato dal corpo in ottone del pendolo, la terra dalla parte inferiore di quest'ultimo).

Si armonizza perfettamente con le energie universali.

Il suo peso è di 72 grammi per 7 cm di altezza.

La forma conica triangolare, con la punta rivolta verso il basso, simboleggia l'energia yin, legata come da un canale a una forma sferica che rappresenta l'universo nella sua globalità, corrispondente all'energia yang.

Con questo pendolo si ottiene l'equilibrio tra le due forze opposte e insieme complementari:

- l'una che capta le energie terrestri,
- l'altra collegata a quelle che emanano dal cosmo.

Il pendolo può essere utilizzato in tutti gli ambiti riguardanti la vita dell'essere umano, e in particolare per scaricare e ricaricare il campo magnetico, ma anche in geobiologia per la riarmonizzazione di un luogo.

Importante

Concepito a partire da particolari dati geometrici, non è necessario scaricarlo dopo ogni lavoro di ricerca, in quanto non si carica.

h) Il pendolo Energia

Questo pendolo, anch'esso da me concepito e rivolto principalmente all'essere umano, ha un suo posto a livello della geobiologia, perché ogni abitazione perturbata finisce con l'aumentare i disordini nei suoi occupanti, come si può comprendere dalle spiegazioni che seguono.

Il pendolo permette di riequilibrare e riarmonizzare le energie degli abitanti a livello del corpo eterico spostato da energie telluriche, e di riancorarli a terra per mezzo di un lavoro con questo strumento a livello del primo centro energetico. Ecco la sua descrizione e alcuni elementi che lo riguardano.

Fa parte della categoria dei pendoli "trasmettitori".

Il suo orientamento fondamentale è l'ambito della salute fisica, mentale e spirituale degli esseri umani.

Elaborato a partire da materiali preziosi ed energetici, come il cristallo Swarovski, l'argento e il metallo dorato, esso recepisce con grande potenza energie come quella della luce, indispensabile alla vita sulla Terra.

Trasmettitore in virtù dei suoi materiali e anche della forma, non si scarica in energie negative.

La forma sfaccettata gli consente di captare nella loro integralità i raggi della luce solare in relazione con i sette centri energetici o chakra, in tal modo favorendo un'azione sul riequilibrio delle energie degli organi e dei corpi sottili.

Le energie oro e argento (due energie terrestri) sono complementari e generano nell'essere umano creatività, successo materiale ed economico, e concretizzazione delle capacità di realizzazione, tanto necessarie all'edificazione e all'armonizzazione di ogni esistenza umana.

La combinazione delle tre energie – oro, argento e luce – ne fa uno strumento capace, in quanto trasmettitore, di riposizionare il corpo eterico a partire dal terzo chakra.

Facilita il "riancoraggio" alla terra e stimola tutte le facoltà di realizzazione dell'essere.

Il suo peso è di 21 grammi su 7,5 cm di altezza.

È molto efficace nel lavoro a distanza.

Questo approccio ai pendoli è ben lungi dall'essere esauriente. Per saperne di più si può fare riferimento alla mia opera *Encyclopédie des pendules*.

2. LA RADIONICA E LA GEOBIOLOGIA

Tra queste due tecniche esistono legami indissolubili.

La pratica della radiestesia si rivela indispensabile per affrontare la radionica, e aiuta altresì ad affrontare la geobiologia.

Come risulta chiaro da quanto scritto in precedenza, la radiestesia poggia su due concetti fondamentali:

- un fenomeno mentale;
- un fenomeno fisico.

Questo secondo aspetto riveste grande importanza per quanto concerne la radionica, perché serve al radiestesista-geobiologo per amplificare il suo lavoro a distanza con l'aiuto di diversi strumenti.

Sulla base di quanto dirò di qui a poco, sarà possibile scoprire alcune possibilità della radionica e metterle a frutto nella vita di tutti i giorni, tanto per il proprio benessere personale quanto per migliorare le energie della propria abitazione, oltre che per proteggersi dalle onde negative.

La radionica ha avuto origine come metodo di azione a distanza con l'aiuto di apparecchi più o meno perfezionati, a metà strada tra radiestesia ed elettronica.

Questi apparecchi elettronici hanno lo scopo di amplificare le onde captate ed emesse.

Proprio come è sufficiente ruotare la manopola di un apparecchio radio per entrare in contatto con una stazione emittente, così è più semplice agire a distanza attraverso la radionica sugli esseri viventi e su tutto ciò che li riguarda!

I fratelli Servranx, in particolare, si sono interessati a questo argomento e hanno messo a punto un certo numero di apparecchi che è possibile scoprire nel loro libro *Cours de radionique*, ma questi infaticabili ricercatori belgi non si sono fermati all'aspetto elettronico della radionica.

Come alcuni dei loro colleghi, per esempio Chauméry, Bélizal e Morel, hanno scoperto che è possibile praticare la radionica con l'aiuto dell'energia microvibratoria emessa dalle onde di forma attraverso dei grafici "tele-attivi" o disegni "tele-psichici" e "tele-trasmettitori", tutti raggruppati sotto la definizione di "disegni di forza".

Tutte queste tecniche derivano dalla radionica e hanno lo scopo di trattare un problema specifico a distanza, problema relativo a un individuo o a un luogo preciso, e di far passare una corrente di energia vibratoria.

Lasceremo agli esperti di elettronica questi apparecchi molto sofisticati, per concentrarci su un altro aspetto della radionica preso in esame dagli specialisti delle onde di forma: quello dei grafici e dei "tracciati trasmettitori".

◇ Da sottolineare

Il principio della radionica per il tramite delle onde di forma è il seguente: mettere in "sintonia", vale a dire in accordo, le forze che trasmettono sulla stessa frequenza, per creare una risonanza vibratoria che amplifica e prolunga l'onda, al fine di generare un'onda "armonica" su un multiplo della frequenza di origine.

Importante

La "sintonia", la "risonanza" e l'"armonica" sono i tre pilastri della radionica.

I disegni, i grafici o le figure geometriche utilizzati possono essere figurativi o non figurativi, o anche rappresentare, per esempio, dei simboli archetipici.

Importante

I disegni grafici o geometrici utilizzati nella radionica sono "caricati" dell'intenzione, della volontà applicata al momento della realizzazione.

◇ Da sottolineare

Un grafico attivo è legato "psichicamente" al suo creatore: tale legame persiste fino a quando continua a esistere l'intenzione.

Al fine di ottenere il massimo dell'efficacia, devono essere rispettate alcune condizioni.

- L'intenzione dev'essere precisa, chiara e senza ambiguità.
- Lo scopo da raggiungere dev'essere reale e corrispondere a un bisogno preciso e realizzabile.

Non dobbiamo dimenticare che la radionica è un vero e proprio strumento che dev'essere sempre utilizzato con spirito di positività. È opportuno sapere che sul piano energetico la radionica esplica un'azione sul campo magnetico della persona interessata come anche di un luogo, entrambi soggetti a modifiche grazie al suo intervento e idonei a diventare più positivi sul piano vibratorio. Il lavoro radionico induce una riarmonizzazione delle energie che permette di attrarre elementi positivi. I campi di applicazione della radionica sono molto diversificati.

Questa tecnica può avere un'influenza sull'essere umano nella sua totalità e su tutti gli ambiti della sua vita terrena.

Quel che più ci interessa nell'ambito del presente libro sono le azioni sul potenziale energetico di un luogo, la sua protezione dalle fonti di energie nefaste come anche la salvaguardia della salute degli occupanti di questo luogo.

◇ Da sottolineare

La radionica, come ogni altra tecnica, ha i suoi limiti e non può in alcun caso essere considerata una panacea.

I trasmettitori utilizzati sono tutti derivati da forme geometriche che emettono onde di forma e da diversi disegni attivi.

L'utilizzo della bussola può essere necessario perché certe forme, per essere attive, devono essere orientate.

Come è noto, volgendosi in direzione del nord magnetico terrestre è possibile non solo captare energie benefiche per se stessi in quanto operatori, ma anche aumentare l'efficacia dei trasmettitori utilizzati.

◇ Da sottolineare

Il nord indicato dalla bussola dev'essere preso come riferimento dall'operatore al fine di orientare l'azione del trasmettitore prescelto.

◇ Da sottolineare ancora

Il nord magnetico terrestre rappresenta la base del funzionamento delle onde di forma, ed è la regola fondamentale da osservare.

Attenzione

Quando si lavora in radionica su una persona e ci si trova nell'emisfero sud, la testa della persona sulla foto viene diretta verso il sud e non verso il nord come nel nostro emisfero. In radionica io consiglio di utilizzare preferibilmente una foto, un negativo di foto se si tratta di un luogo, e per una persona la sua foto o un campione della sua scrittura.

Cosa avviene realmente con questi disegni che agiscono come tele-trasmettitori?

Sono disegni, ma non qualsiasi, anche se il più delle volte non rinviano a nulla di concreto.

Sono immagini simboliche. La loro efficacia e potenza risiedono nelle rispettive forme, che ristabiliscono le armonie infrante.

Alcuni sono protettori, altri benefici per diverse circostanze o ambiti della vita degli esseri umani nel corso della loro vita terrena.

Importante

Alcune onde nocive di origine tellurica o di altro tipo possono paralizzare l'efficacia dei disegni attivi.
Per effettuare questo lavoro è bene scegliere una stanza assolutamente sana sul piano energetico.

Oltre alla bussola, per dinamizzare o dare forza alle parole-testimone utilizzate per le azioni si renderà necessario l'uso di un amplificatore universale, del decagono (poligono di dieci lati) o di un doppio decagono, ancora più rapido ed efficace (vedere le spiegazioni sull'argomento nella mia opera *Actions à distance par radiesthésie et magnétisme*, p. 41, modalità di utilizzo).

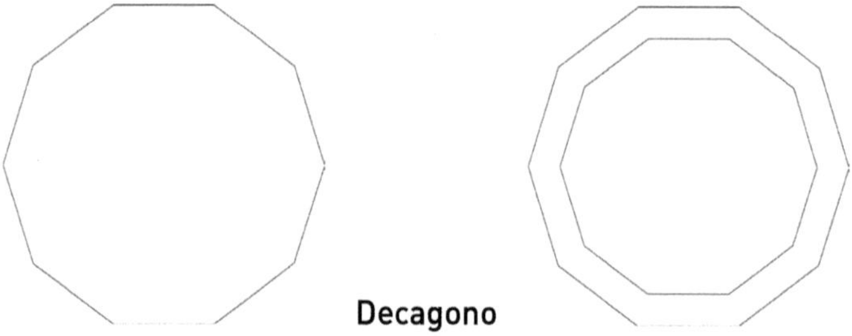

Decagono

Ecco un primo disegno di forza da utilizzare per attrarre influenze benefiche su un luogo (casa o edificio), chiamato "la ruota". Qui di seguito le azioni da compiere.

Orientarlo in modo opportuno

Posizionare il testimone (foto della casa o della costruzione) al centro della ruota.

Per attrarre le influenze benefiche su un edificio e proteggerlo, è bene lasciarvi in permanenza la foto-testimone.

Serve a contrastare le influenze nocive.

Per disimpregnare un luogo o un oggetto delle sue onde nefaste, è necessario servirsi di un Sigillo di Salomone.

È necessario disporre al centro del Sigillo di Salomone un testimone (foto del luogo, dell'oggetto, dell'abito, del gioiello ecc.).

Questo testimone sarà disimpregnato dopo ventiquattro ore di permanenza in un decagono.

◇ Da sottolineare

Serve anche a proteggersi dalle energie negative: l'uso è identico.

◇ Da sottolineare

Il Sigillo di Salomone è composto da due triangoli equilateri intrecciati. È la rappresentazione simbolica dei quattro elementi, della totalità dei metalli e dei sette pianeti tradizionali.

Dev'essere correttamente orientato, e il dispositivo deve rimanere al suo posto fino a quando non sia stato raggiunto il risultato auspicato. Per combattere le onde nocive viene utilizzato il Sigillo di Salomone "abduttivo".

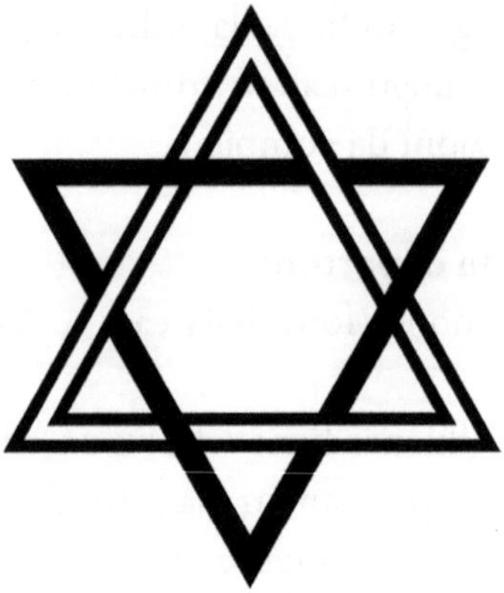

Sigillo di Salomone "abduttivo"
(per combattere le onde nocive)

Esistono altri disegni di forza che riguardano non l'ambito della geobiologia in maniera specifica, bensì altri argomenti che toccano la vita terrena degli esseri umani. Consiglio di leggere il libro di Alain Labussière *Guide pratique des dessins agissants*, Éditions Alain Labussière.

3. LA GEOBIOLOGIA E LA SALUTE

Le pagine che precedono ci hanno dato un'idea delle diverse forme di inquinamento che possono riguardare il nostro habitat, e che non sono prive di conseguenze per la nostra salute.

> **Da ricordare**
>
> Le ripercussioni sulla salute dei luoghi in cui si lavora e si vive possono essere enormi.
> Alcuni ambienti professionali sono dei veri e propri "divoratori di energie" che "vampirizzano" il nostro potenziale energetico. È ormai noto e confermato da numerosi medici, ricercatori e fisici come l'ambiente rivesta un ruolo importante per la nostra salute, l'equilibrio, la resistenza nervosa e le malattie, oltre che per il nostro sonno. I materiali elettronici, i monitor, le dispersioni elettromagnetiche, le microenergie patogene delle correnti telluriche, le anomalie del campo magnetico terrestre sono autentici aggressori che, con il tempo, possono indebolire il nostro organismo.

Ecco alcune constatazioni e affermazioni raccolte già alcuni anni orsono per quanto concerne il lavoro davanti a un video e le sue ripercussioni sull'essere umano.

- In Canada, all'aeroporto di Dorval a Montreal, le organizzazioni dei lavoratori hanno denunciato sette aborti su tredici gravidanze tra le donne che lavoravano ai terminali video.

  Nella stessa epoca, si sono constatate quattro malformazioni su sette gravidanze tra le donne della redazione del giornale

"Toronto Star".

Nei tre anni successivi, sono state constatate anomalie dello stesso tipo anche in altri Paesi, in particolare negli Stati Uniti, in Gran Bretagna e in Giappone.

- Il dottor Wallach rivela che lavorare davanti a un video induce un'anomalia biochimica, vale a dire una perturbazione ormonale del corpo umano, dei neurotrasmettitori e di ogni fattore biochimico che esiste normalmente in natura.
- In un articolo scritto da Eldon Byrd, direttore di ricerca, possiamo leggere che "quando le cellule del nostro corpo sono soggette all'influsso di un monitor percepiscono le frequenze di quest'ultimo, che si traducono tra l'altro in modifiche della costruzione nervosa e della biochimica cerebrale".

L'inquinamento elettromagnetico è una minaccia per la salute pubblica?

Nel 2006 l'OMS (Organizzazione Mondiale della Sanità) ha dichiarato: "Tenuto conto dei debolissimi livelli di esposizione e dei risultati del lavoro di ricerca ottenuti fino a oggi, non esiste alcun elemento scientifico probante che confermi eventuali effetti nocivi per la salute delle stazioni base e delle reti senza fili".

Eppure...!

L'essere umano, come ogni organismo vivente, è un trasmettitore-ricevitore di onde elettromagnetiche: numerosi meccanismi biologici mettono in moto un irradiamento elettromagnetico caratterizzato da una frequenza o una banda di frequenza ben determinata.

Non c'è da sorprendersi del fatto che una radiazione esogena di identica frequenza perturbi, per effetto di similitudine oscillatoria, il funzionamento di tali meccanismi.

Numerosi studi effettuati in vitro e in vivo hanno messo in evidenza gli effetti non termici delle radiazioni da microonde, e in particolare le radiazioni dovute ai GSM e ai ripetitori: ecco i più significativi.

- In vitro
  - Alterazione dell'attività dell'enzima ornitina decarbossilasi (ODC).
  - Effetti sull'elettrochimica del cervello (flusso di calcio).
  - Intensificazione delle aberrazioni cromosomiche e dei micronuclei nei linfociti del sangue umano.
- In vivo
  - Aumentata permeabilità della barriera ematoencefalica nei topi.
  - Effetti sul funzionamento del sistema dopamina-oppioidi del cervello.
  - Aumento del tasso di rottura del DNA e delle aberrazioni cromosomiche nel cervello dei topi.

Certamente questi diversi effetti biologici non implicano necessariamente danni per la salute umana, ma le conoscenze del funzionamento dell'organismo e l'osservazione clinica effettuata su numerosi utilizzatori di GSM o persone che vivono nelle vicinanze di ripetitori fanno pensare a una plausibile correlazione tra i disturbi constatati ed effetti di questo genere, dal momento che le persone più sensibili sono particolarmente vulnerabili.

Studi condotti in situ sugli occupanti di quartieri in cui sono presenti dei ripetitori, soprattutto in Francia, Spagna e Austria, testimoniano tutti, nei soggetti esposti, di difficoltà di concentrazione, disturbi della memoria, vertigini, cefalee, tendenze depressive, disordini del sonno, problemi cutanei e stanchezza cronica.

Da ricordare

L'evidenza di un incremento di permeabilità della barriera ematoencefalica è di per sé abbastanza preoccupante. Infatti, essa si traduce in una maggiore vulnerabilità a un inquinamento chimico, dal momento che in questo caso la barriera lascia passare tossine, metalli pesanti, batteri e altri virus suscettibili di seminare il caos nei nostri emisferi cerebrali.

Da sapere

Dal 2002 nessun assicuratore ha più accettato di garantire per la responsabilità civile gli operatori e i fabbricanti di cellulari in relazione ai rischi legati alle radiazioni elettromagnetiche.

I segnali di allarme riguardanti la rete senza fili

Nel 2007 un nuovo allarme è stato lanciato da una ventina di scienziati americani, in maggior parte medici.

I ricercatori hanno sintetizzato i risultati di centinaia di studi dedicati all'impatto dei campi elettromagnetici sulla salute dell'uomo.

Da essi scaturisce un incremento del rischio di:

- leucemie infantili;
- tumori cerebrali;
- Alzheimer;
- disturbi dell'udito;
- diversi problemi a carico del sistema nervoso;
- alterazioni del DNA;
- disordini del sonno.

◇ Da sottolineare

È stato osservato sui ratti e su gruppi di individui volontari che, in maniera probante e riproducibile, l'esposizione prolungata a un campo magnetico artificiale blocca la produzione di melatonina da parte della ghiandola pineale.

Questo ormone è implicato in tre diverse patologie.

- Alcune interruzioni del ritmo di secrezione della melatonina sono associate a sindromi depressive.
- Uno dei ruoli della melatonina consiste nell'inibizione delle ghiandole endocrine, e in particolare delle gonadi, che sono le cellule pre-embrionali.
- Inoltre, una minore secrezione di melatonina, riducendo il suo effetto inibitore, può rappresentare un fattore cancerogeno per i tessuti estrogeno-dipendenti quali il seno e la prostata.
- La melatonina inibisce anche la crescita delle cellule cancerose, stimola la funzione immunitaria e diminuisce i radicali liberi.

In conclusione, l'inquinamento elettromagnetico, insieme a quello dell'aria e del suolo, rappresenta la terza catastrofe sanitaria più importante che ci minaccia, probabilmente a medio termine.

La nostra società non può più concedersi il lusso di procrastinare le necessarie misure da adottare.

È questa la conclusione di diversi studi per noi che ci interessiamo alla geobiologia e siamo sensibili a tali informazioni.

Quello che dobbiamo mettere in pratica è il principio di precauzione e protezione.

A tal fine, nel capitolo che segue mi permetterò di suggerire alcuni consigli e di illustrare l'utilizzo di elementi suscettibili di proteggerci dalle energie negative, di eliminarle o semplicemente di armonizzare il nostro ambiente.

Prima di ogni altra cosa, però, voglio parlare del *sonno*.

Come favorire un sonno sano e riparatore?

Perché parlare del sonno in questo libro? Per il semplice fatto che è strettamente legato ai problemi geobiologici dell'abitazione.

I sintomi per lo più denunciati dagli occupanti disturbati da un luogo fanno riferimento alla qualità o all'assenza del sonno: da qui l'importanza di scegliere bene la collocazione del letto (come abbiamo visto in precedenza).

Il sonno è indispensabile all'uomo come l'aria che respira.

È quando viene a mancare che se ne comprende l'importanza.

Lo sapevate?

L'uomo può resistere quasi un mese a un digiuno assoluto, ma non può sopravvivere a più di undici giorni di insonnia totale.

Le esigenze fisiologiche di sonno sono diverse da un soggetto all'altro.

Esse variano in funzione dell'età e del temperamento di ciascuno (e vanno da cinque a dieci ore per notte).

Il numero di ore di sonno è di certo un parametro interessante, ma il più importante è la sua qualità.

L'ambiente esercita un'influenza della massima rilevanza sul sonno.

Gli aspetti climatici e geografici possono generare perturbazioni naturali su di esso.

I fattori meteorologici (tempo ventoso o piovoso) modificano l'atmosfera vibratoria dell'habitat.

I fattori climatici (la campagna, la montagna, la riva del mare o una località urbana) modificano la qualità vibratoria dell'aria (ionizzazione), e alcune persone risultano particolarmente sensibili quanto alla qualità del loro sonno.

Il campo elettromagnetico terrestre ha un'azione regolatrice sul plesso solare, che guida un buon funzionamento endocrino e quindi, ovviamente e in primo piano, la qualità del sonno.

Da ricordare

Un forte campo elettromagnetico risulterà stimolante sull'insieme del sistema nervoso, se al contrario è debole avrà effetti più sedativi.

In generale, quali sono le conseguenze dell'insonnia sull'essere umano?

Una carenza di sonno, sia per quantità che per qualità, è da considerare uno stress che comporta e genera tutte le conseguenze che gli sono proprie. Può provocare un'anemia importante sul piano della formula sanguigna, ma anche e soprattutto una "depressione psichica" del tono nervoso.

Tutte le funzioni basali sono perturbate e possono portare a debolezza generale, dimagrimento per consumo totale delle riserve immagazzinate negli strati adiposi cutanei, e perfino un'accelerazione del processo di invecchiamento. Possono prodursi anche ipereccitabilità, iperemotività e un inquietante sviluppo dell'aggressività. A volte compaiono anche disturbi della memoria e della creatività.

Le ultime scoperte scientifiche hanno permesso di comprendere meglio come funziona il sonno e la sua ragione d'essere.

Da ricordare

Il sonno: fonte di salute, di equilibrio e di gioia di vivere.

Come è noto, una notte di sonno di buona qualità rappresenta un vero e proprio bagno di giovinezza.

Il sonno presenta molte fasi o cicli, ciascuno dei quali ha un proprio ruolo da adempiere.

- Il sonno incaricato della riparazione fisica, che ha lo scopo di cancellare la stanchezza del corpo, è il sonno a onde lente della prima parte della notte.
- Il sonno incaricato del ruolo della riparazione psichica, la cui finalità è cancellare la fatica mentale, è il sonno paradosso della seconda parte della notte.

◇ Da sottolineare

Il sonno è rigeneratore.

Esso ha dunque un'importante funzione di ricostruzione del nostro organismo.

È attraverso il sonno che si ricarica il sistema simpatico, considerato la batteria dell'organismo stesso.

Il buon funzionamento delle fasi del sonno è direttamente tributario dello stato di salute fisica e mentale dell'essere e della collocazione del letto.

È facile comprendere, in base a queste rapide spiegazioni sul sonno, l'importanza dello studio in geobiologia della stanza destinata al riposo, vale a dire la camera da letto.

È evidente che altri parametri possono intervenire sul sonno, in particolare l'alimentazione.

Dal momento che lo scopo di questo libro non è quello di fornire nozioni di dietologia, consiglio di riferirsi alle numerose opere che trattano di tale argomento.

Esistono molti metodi di rilassamento idonei a facilitare un buon sonno. Ne troverete alcuni con le relative spiegazioni nel mio *Cours complet de télépathie*.

Invece, la sera prima di andare a dormire potete senza difficoltà scaricare le energie negative, accumulate nel vostro ambiente durante la giornata, con l'aiuto del pendolo "Armonia" di cui ho parlato in precedenza.

Quest'ultimo, in quanto trasmettitore, vi aiuterà a scaricare il vostro campo magnetico delle energie nefaste accumulate e, in un secondo tempo, a ricaricarvi di energie positive.

A tal fine, prendete la vostra foto (per esempio quella della carta d'identità o della patente di guida) e collocate il pendolo "Armonia" al di sopra di essa. Chiedete al pendolo di liberarvi delle energie negative presenti.

Il pendolo si metterà a girare in senso antiorario. Lasciatelo fare: si fermerà a operazione terminata. Poi chiedetegli di ricaricarvi di energie positive, e potrete constatare che in questo caso gira in senso orario.

Vi sta ricaricando. Non disturbatelo: anche in questo caso si fermerà quando avrà terminato.

Se avete misurato con l'aiuto del biometro di Bovis il vostro potenziale energetico prima dell'intervento del pendolo "Armonia", ripetendo la misurazione una seconda volta potrete constatare una differenza da 1000 a 1500 angström supplementari (media statistica).

Non vi resta che fare una doccia (l'acqua è un catalizzatore straordinario) e andare a dormire per godere di buone condizioni di rigenerazione.

4. COME MIGLIORARE IL BENESSERE, L'EQUILIBRIO, LA QUALITÀ DELLA VITA ATTRAVERSO L'UTILIZZO DI ELEMENTI DI COMPENSAZIONE, ELIMINAZIONE O NEUTRALIZZAZIONE DELLE ONDE NEGATIVE NELL'HABITAT

Esiste un certo numero di elementi suscettibili di agire sulle onde negative presenti nell'habitat e sugli occupanti: mi permetterò di presentarne alcuni.

Questo elenco è ben lungi dall'essere esaustivo. Inizierò con due elementi che non sono recenti e meritano di essere sperimentati.

A. L'aspironde

Il dispositivo chiamato "aspironde" dev'essere posto sul contatore o sull'interruttore. Emette EDF magnetiche che si propagano in tutta l'installazione dell'abitazione attraverso le guaine isolanti dei conduttori bipolari.

Le EDF (onde di forma) neutralizzano le radiazioni nocive perpendicolarmente ai circuiti sotto coprifilo (che vengono sostituiti da cavi sotto guaina di piombo o altro metallo).

B. I circuiti oscillanti

La nostra esistenza è oscillazione cellulare.

Il potenziale energetico di un essere è strettamente legato all'armonia delle vibrazioni cellulari. Secondo il grande fisico

Georges Lakhovsky, la vita è costituita da oscillazioni di cellule e, di conseguenza, "nasce dalla radiazione e continua a essere a essa legata". Lo squilibrio di queste vibrazioni, per cause esterne o interne, crea stati morbosi.

Georges Lakhovsky concepì apparecchi piccoli e molto semplici, composti da una spirale di fili polimetallici in circuito aperto, suscettibili di costituire dei perfetti circuiti oscillanti sotto l'influsso delle onde cosmiche, onde elettromagnetiche di vita, e di agire per risonanza sull'oscillazione cellulare.

◇ Da sottolineare

La cellula, che ricorda il circuito oscillante di Hertz, è un vero e proprio circuito elettrico suscettibile di oscillare e risuonare ad altissima frequenza.

Il dispositivo contrasta efficacemente le dispersioni nocive di materiale informatico, dei monitor e del materiale elettrico. Esperimenti realizzati con le piante di fronte ai monitor hanno dato risultati straordinari (è un mezzo eccellente per migliorare le condizioni di lavoro).

I circuiti oscillanti di G. Lakhovsky aiutano a combattere lo stress, stimolare il metabolismo, alleviare i dolori, migliorare la qualità del sonno e aumentare la concentrazione.

Adempiono a un ruolo di protezione e regolazione delle onde cosmiche e telluriche ambientali e di quelle legate agli inquinamenti elettromagnetici industriali. Creano intorno al soggetto un campo magnetico che filtra le onde assorbendone gli eccessi.

È possibile utilizzarli in ogni momento della giornata, anche durante il sonno, perché favoriscono un sonno sano e riparatore riequilibrando la nostra oscillazione cellulare.

◇ Da sottolineare

Tutte le teorie di Georges Lakhovsky sono state oggetto di importanti comunicazioni nelle accademie scientifiche di numerosi Paesi, e non sono mai state confutate.

C. L'induttore

È considerato un protettore universale.

A forma di rombo, fu molto utilizzato in Europa durante il Medioevo.

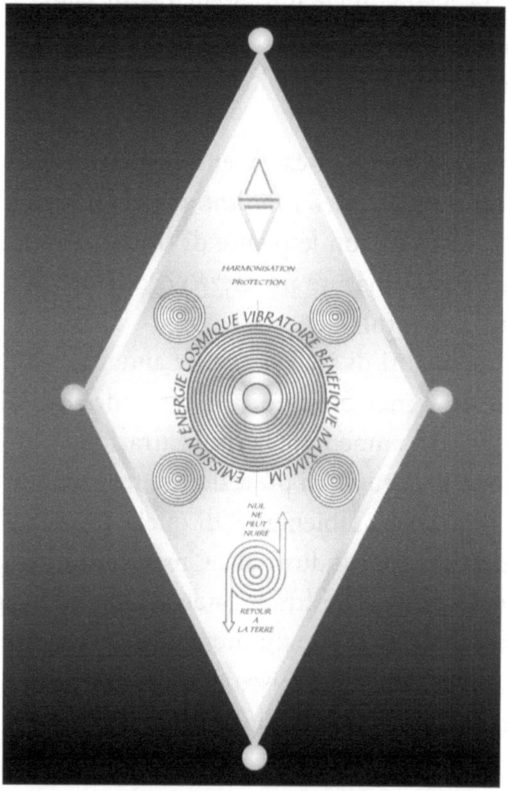

(tratto dal libro *Les Tracés d'Or* di Dominique Coquelle)

◇ Da sottolineare

Anche i fratelli Servranx (fisici radiestesisti del XX secolo) si interessarono a esso.

È concepito con proporzioni geometriche e numerologiche particolari e molto precise.

Le quattro sfere controllano l'ambiente, impedendo allo strumento di caricarsi di onde negative.

L'amplificatore centrale è costituito da dodici cerchi concentrici più una formulazione di protezione che fa appello alle forze dell'energia cosmica. Può essere utilizzato da tutti, non trattandosi di uno strumento per iniziati.

Protegge, rinvia e neutralizza ogni emissione di onde negative. Agisce sulla persona che lo indossa e nel luogo in cui viene collocato.

Neutralizza le onde elettriche.

©Marc ALFIERI – Cannes

D. Il pendente biomagnetico

La vitalità e la salute possono migliorare grazie ai campi vibratori elettromagnetici di un pendente "Energy's stone" (vedere indirizzi alla fine del libro).

È possibile scoprire gli effetti delle onde generate da certe forme geometriche combinate con gli elementi altamente energetici presenti in questo pendente.

Il pendente è composto, sulla sua faccia anteriore, da una figura geometrica inscritta nel cerchio, che emette un'onda di forma (EDF). Sulla faccia posteriore presenta sette elementi elettromagnetici, ciascuno dei quali è collegato a un'energia specifica capace di apportare all'organismo ciò di cui ha bisogno a livello dei diversi metabolismi. Le caratteristiche di cui diamo qui di seguito spiegazione sono chiaramente visibili nelle foto di p. 199.

Elemento rosso

Induce gli infrarossi lontani o lunghi.

L'infrarosso lontano è una parte della luce emessa dal sole; le sue onde penetrano nella pelle senza causare danni e riscaldano i tessuti del corpo in modo simile al sole, ma senza le nocive radiazioni ultraviolette.

Gli infrarossi sono una preziosa fonte di energia che aiuta il corpo a eliminare le tossine che vi si trovano imprigionate. Aumentano il calore corporeo e in tal modo rompono le agglomerazioni importanti di molecole d'acqua in raggruppamenti più piccoli. È così che possono essere liberate le tossine. L'energia infrarossa penetra nei tessuti corporei fino a quattro centimetri di profondità, intensificando la circolazione del sangue. Il funzionamento delle cellule migliora, al pari della salute e del benessere.

◇ Da sottolineare

La lunghezza d'onda degli infrarossi è quella del sole nascente. Il calore che producono permette una circolazione energetica ottimale per l'equilibrio delle nostre cellule e favorisce un processo di rigenerazione.

Elemento nero

Induce ioni negativi.

Abbiamo affrontato in precedenza l'argomento parlando degli ionizzatori. Non sarà fuori luogo apportare qualche precisazione supplementare su tale elemento indispensabile al buon mantenimento della nostra salute.

Come sappiamo, le nostre case, gli uffici e gli ambienti sono privi di ioni negativi.

I terminali informatici, l'illuminazione fluorescente, i sistemi di ventilazione, i moderni materiali da costruzione generano ioni positivi che provocano spossatezza, depressione, irritabilità ecc.

Al contrario, ai bordi delle cascate, in riva al mare, in montagna e nelle foreste c'è una sovrabbondanza di ioni negativi.

Come interagiscono con il corpo?

Penetrano attraverso la pelle e i polmoni, e vengono trasportati in tutto il corpo per mezzo della circolazione sanguigna.

Ecco alcuni dei loro effetti positivi sull'organismo:

- impediscono l'acidificazione del sangue, causata dalla perdita di elettroni;
- migliorano l'immunità del corpo e la sua resistenza alle malattie;
- facilitano i vari metabolismi corporei;
- hanno un effetto sull'invecchiamento cellulare;
- intensificano l'afflusso di ossigeno al cervello (antiossidanti)...

Elemento grigio scuro

Attira la luce. Permette di elevare la temperatura del corpo e agisce sul morale e sulla depressione. Ha un effetto di risonanza vibratoria e aumenta la capacità di rigenerazione dei tessuti. Migliora l'immunità del corpo.

Elemento grigio chiaro (il magnete), due volte presente sul medaglione

Deriva dalla magnetite. Funziona su una modalità elettromagnetica, e il suo impatto più importante si esercita a livello delle sue possibilità di attrazione energetica. Vero e proprio catalizzatore, aumenta l'effetto di sinergia con gli altri elementi. Arreca sollievo ai punti dolenti del corpo.

Elemento bianco

È tratto dal germanio. È un elemento chimico della famiglia dei cristallogeni. È contenuto nella terra e nei vegetali, per esempio nel ginseng. Studi clinici dimostrano i suoi effetti anticancerogeni. Il germanio interrompe l'attività delle cellule anomale (cancerose).

Molto importante

Ha un effetto preventivo sulle radiazioni.
Incrementa la capacità di autoguarigione.
Fornisce rapidamente ossigeno alle cellule, accelera il metabolismo e agisce come induttore dell'interferone (farmaco antitumorale).
Ha un'azione benefica sul sonno, e permette di dormire profondamente anche se solo per breve tempo.

Elemento marrone rosato: nanoelementi

Siamo qui in presenza di minerali e metalloidi utilizzati in forma infinitamente piccola, tenendo conto del fatto che un nanometro corrisponde a un miliardesimo di metro.

Il silicio, il titanio, l'argilla e alcune terre rare, che vengono utilizzati sotto questa forma, apportano agli altri elementi una certa dinamizzazione.

La sinergia di questi elementi genera una potenza vibratoria capace di agire sugli esseri umani in maniera olistica.

In sintesi

Questa sinergia esplica alcuni effetti:

- intensifica il potenziale energetico nella vita di tutti i giorni;
- stimola le funzioni mentali e psichiche (gestione dello stress);
- protegge da un certo tipo di onde elettromagnetiche (basse frequenze e alte frequenze);
- neutralizza i parassiti nocivi che emanano dai pensieri negativi;
- rafforza il campo magnetico con un'azione sulla polarità del corpo;
- rivitalizza l'organismo nella sua integralità;
- esplica un'azione benefica a livello di certe patologie.

Importante

Il medaglione non si carica di energie negative e non necessita di alcuna purificazione.

Il miglioramento del potenziale energetico è immediato e misurabile con l'aiuto del biometro di Bovis.

Di recente, il medaglione ha ottenuto la medaglia d'argento come antidolorifico al Salone degli inventori a Ginevra.

Le ricerche in materia di inquinamento elettromagnetico sono numerose e stanno dando buoni risultati. Presenterò qualche sistema in grado di neutralizzare le onde negative all'interno dell'abitazione e di migliorare lo stato di salute dei suoi occupanti.

Indubbiamente, viviamo in un mondo di aggressioni. Tutte le perturbazioni di cui abbiamo parlato in precedenza finiscono, con il tempo, per interrompere il rapporto che abbiamo con noi stessi, diminuendo le nostre capacità di recupero. Siamo costretti a vivere lottando sempre più tenacemente contro i nostri stati di spossatezza.

Ecco qualche metodo in grado di aiutarci a contrastare questo stato di cose e a rigenerare il nostro habitat e noi stessi.

Intendo proporre il sistema PIE della Ataraxya (vedere gli indirizzi utili alla fine del libro).

In cosa consiste esattamente questo sistema? E cosa possiamo aspettarci da esso?

E. Il sistema PIE

"Il *sistema portatore di informazioni energetiche* mira a contrastare le diverse perturbazioni che ci indeboliscono (inquinamenti ambientali: aria, acqua, rumore, elettromagnetismo, inquinamenti emotivi, mentali ecc.).

Esso poggia sull'enunciato tradizionale in base al quale tutto è vibrazione; partendo da tale principio ipotizza l'esistenza di una vibrazione di equilibrio (chi, prana, tachione).

Questa vibrazione di equilibrio o riequilibrio, o di armonizzazione, permetterebbe non di sopprimere la vibrazione nociva, bensì di ridurre le perturbazioni ostacolanti che genera nell'essere umano.

Con il sistema PIE, un supporto emette in permanenza un campo vibratorio di equilibrio destinato a riorganizzare e armonizzare diversi principi sottili.

Tale sistema trova applicazione in numerosi settori.

Esistono oggi diversi prodotti derivati dal sistema PIE, concepiti per integrarsi armoniosamente e in assoluta semplicità nel nostro quotidiano, apportando una risposta alle ricerche che si prefiggono di preservare e ottimizzare il nostro habitat e l'equilibrio sottile dell'essere umano" (estratto dal testo di presentazione del prodotto della Ataraxya).

Per provare l'efficacia del sistema sono stati effettuati test di cristallizzazione sensibile.

Per equilibrare l'abitazione, consiglio il *Loto di cristallo Ataraxya*.

Diversi esperimenti ne hanno dimostrato la potenza in relazione a un effetto benefico sulle radiazioni elettromagnetiche.

Si può trovare anche un "patch di armonizzazione", basato sullo stesso principio, da incollare su cellulari, monitor, modem wi-fi, radio, prese elettriche, telefoni wireless ecc.

F. La geobiologia solare

"Altro frutto" della ricerca in geobiologia, la geomedicina dell'habitat (GMH) ha creato alcuni strumenti che permettono al luogo di autoguarirsi: l'armonizzazione quantica dei luoghi con il concetto GLS Orionis.

Le geolampade sincroniche (GLS) sono realizzate in ceramica informata con terre rare, essenze pure, pietre e metalli preziosi.

Sono dei captatori/trasmettitori di onde cosmiche che utilizzano la conducibilità delle reti saturate e vanno posizionati con molta attenzione su punti precisi delle reti.

La GMH armonizza i luoghi cambiando il sistema di informazioni delle suddette reti. In tal modo non si verifica alcuna lotta. Una debolezza del terreno diviene una forza. Le onde trasportate nutrono in permanenza l'habitat che a poco a poco si apre e si acquieta. La terra si trova alimentata da un sistema frequenziale che le corrisponde. L'habitat si rigenera in permanenza.

La particolarità della GMH consiste nell'operare in un secondo tempo con le reti solari, posizionando dei risonatori solari quadrilateri specifici che entrano in risonanza sottile con le armoniche del luogo, al fine di instillare serenità nella perfetta alleanza terra-cielo.

Questo sistema, operando sulla sfera spirituale dei luoghi, li armonizza in tutte le loro dimensioni, offrendo in tal modo agli occupanti una qualità vibratoria pacifica, dolce e chiara.

Per informazioni più ampie, vedere il sito segnalato negli indirizzi utili alla fine di questo libro.

G. La geobiologia globale

La nozione di "geobiologia olistica o globale" non è molto diffusa. In che cosa consiste?

Si tratta semplicemente di un approccio semplificato alle perturbazioni che agiscono sugli esseri viventi: essa ingloba le tecniche in grado di far fronte a tutti gli squilibri naturali o artificiali che potrebbero nuocere agli occupanti di un luogo.

Nella geobiologia globale non è necessario ricercare tutte le perturbazioni possibili e immaginabili insegnate dalle diverse scuole attualmente esistenti. Si consiglia di formulare una diagnosi per il luogo a partire da una pianta. Una volta completato lo studio su quest'ultima, risulterà più facile un approfondimento compiuto sul posto.

È possibile quindi progettare l'armonizzazione dell'habitat con i materiali adeguati, nella fattispecie la "sfera Harhome". Essa è stata concepita nell'ambito dei prodotti volti a migliorare la qualità della vita, e di conseguenza l'ambiente circostante. Le ricerche e i lavori relativi si incentrano principalmente sulla qualità dell'acqua.

◇ Da sottolineare

"È grazie all'acqua che la vita è possibile sul nostro pianeta". La sua qualità è di interesse primario.

Grazie al PAI (principio attivo ionizzante) integrato nel cristallo, abbiamo oggi la possibilità di agire favorevolmente sul nostro ambiente, fin troppo spesso inquinato e squilibrato dalle aggressioni della moderna civiltà.

La "sfera Harhome" è un cristallo che forma una combinazione minerale unica: l'AIM (attivo ionizzante minerale) è un'associazione di minerali oceanici che rigenerano in modo naturale l'acqua liquida che si trova nelle immediate vicinanze. La sua forma specifica è di fondamentale importanza, perché è insensibile all'orientamento, da cui una manipolazione semplificata per il riequilibrio di un luogo.

L'informazione vitale dell'AIM crea intorno al suo supporto materiale un campo di energia che prende la forma di questo supporto.

Una sfera di cristallo genererà intorno a sé una bolla di energia il cui volume sarà funzione della sua massa. Una sfera di due centimetri di diametro avrà un raggio d'azione di circa due metri di diametro, mentre una sfera di sei centimetri creerà una bolla di energia di quaranta metri di diametro. Ma come funzionano?

"Esse creano un campo, una bolla che, quando siete al suo interno, ricaricherà la vostra batteria biologica, facendo sì che possiate autoproteggervi naturalmente. Il luogo che in precedenza vi esauriva, sottraendovi più energia di quanta potevate produrne, diventerà un luogo 'bioenergeticamente sano' nel quale, nonostante le fonti inquinanti sempre presenti, starete perfettamente bene.

La sfera Harhome è la vostra minicentrale di energia biologica individuale".

Importante

È inutile pulirla, perché non si carica di alcuna energia negativa; non è un cristallo di rocca, e si autorigenera in permanenza. La durata della sua vita è direttamente legata al materiale di cui è composta.

Vantaggi della sfera Harhome

- È insensibile all'orientamento.
- Non si carica di energie negative (se si utilizzano le dimensioni appropriate).
- È trasportabile.
- Nessun materiale ne blocca gli effetti (muri di cemento, plastica, metalli come il piombo, tessuti neri...).
- Esplica un'azione su corsi d'acqua, faglie, reti telluriche, campi magnetici ed elettromagnetici, luoghi "di memoria", fenomeni di infestazione.
- La longevità della sfera Harhome dipende dal cristallo che la costituisce (diverse centinaia d'anni).

Effetti constatati con la sfera Harhome

- Atmosfera più calma e distensiva
- Sonno riparatore e di migliore qualità
- Comportamento dei bambini più calmo
- Stato generale migliorato e tono ritrovato

◇ Da sottolineare

"La sfera Harhome agisce esclusivamente sul potenziale energetico dell'essere vivente, e di conseguenza stimola le capacità naturali di autodifesa dell'organismo".

Importante

"La sfera Harhome non sopprime alcuna forma di inquinamento, ma ne neutralizza gli effetti stimolando le nostre difese naturali".

◇ In conclusione

Con la sfera Harhome è possibile vivere in zone in cui la vita senza di essa sarebbe difficile.

Sfera Harhome

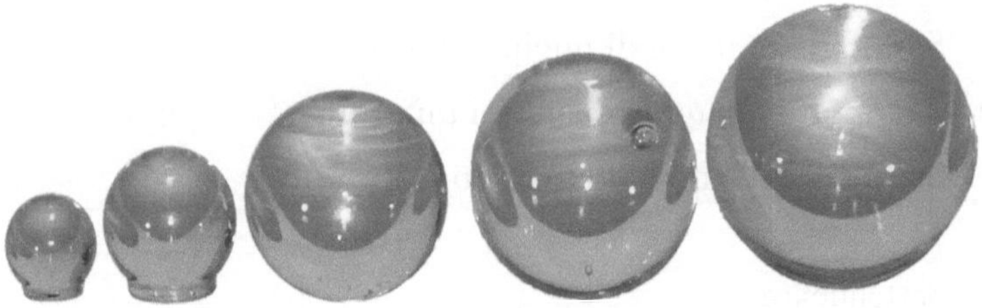

Sfere armonizzanti CEV n. 2, 3, 4, 5, 6 (il numero indica la dimensione in cm)

Foto D. Paris, riprodotte con la cortese autorizzazione del sito www.lageducristal.fr

Il sito corrispondente a questo materiale è reperibile alla fine del libro nella sezione “Indirizzi utili”.

5. L'HABITAT DEL TERZO MILLENNIO

Come ben sappiamo, il nostro ambiente è sempre più in pericolo. L'essere umano si trova in una situazione di dualismo tra il progresso della scienza e della tecnica, che gli assicura certe comodità, e le sue esigenze vitali, che lo spingono a volersi rigenerare a contatto con la natura.

Questo stato di cose genera una destabilizzazione che provoca diversi malesseri e patologie. L'essere umano è indissociabile dal luogo in cui vive, vero e proprio *trait d'union.*

Ci troviamo di fronte a un nuovo emergere della coscienza sul quale è necessario riflettere e concentrare la mente e i pensieri. Un nuovo mondo può aprirsi davanti a noi ed essere da noi trasformato fino a diventare un luogo in cui regni l'equilibrio tra civiltà e natura, e ciò tra le pareti stesse della nostra abitazione.

Per gli uomini di domani la casa dovrà ridiventare un luogo di rigenerazione, di quiete, di raccoglimento propizio a una fusione tra le energie cosmiche telluriche e l'ambiente. Come possiamo realizzare tutto ciò?

Dopo uno studio geobiologico del terreno, si svilupperà una costruzione a carattere solare esposta a sud. Le strutture essenziali saranno preferibilmente in mattoni di terracotta e biocemento armato. La protezione climatica delle coperture sarà realizzata in materiali minerali e vegetali.

L'organizzazione degli spazi interni dovrà farsi in funzione della costituzione della famiglia e della sua evoluzione socioculturale, al fine di facilitare la comunicazione tra gli occupanti del luogo e il loro sviluppo.

Sarà auspicabile ricavarvi:

- uno spazio per i genitori;

- uno spazio a carattere evolutivo per i figli, che unifichi il sonno, il lavoro e i giochi;
- uno spazio di ricevimento indipendente, che ospiti i pasti e gli scambi legati ai ritmi di ciascuno;
- uno spazio destinato a rilassamento, meditazione e purificazione, che si integrino come elementi cerniera.

I volumi di collegamento si apriranno direttamente sull'esterno con spazi in cui sia presente della vegetazione.

L'habitat e l'essere umano non possono essere concepiti in modo permanentemente individuale: sarà necessario prevedere strutture comunitarie che favoriscano gli scambi. Questa concezione dei volumi dell'abitazione dovrà potersi integrare in luoghi a vocazione urbana o rurale.

Sarà necessario un disinquinamento elettromagnetico del luogo al fine di ottenere all'interno della dimora una bioenergia suscettibile, per la sua concezione, di mantenere la relazione habitat-salute e intensificare il potenziale energetico dei suoi occupanti.

Questa futura era terrà conto dei diversi fattori ecologici che favoriscono un ambiente sano nell'equilibrio uomo-natura. Tale armonizzazione passerà per un risveglio che dovrà porre rimedio a diversi fattori:

- il deterioramento del suolo e del sottosuolo;
- gli inquinamenti atmosferici;
- i fattori acustici nocivi;
- il sovrappopolamento;
- l'urbanizzazione a oltranza.

L'habitat del terzo millennio sarà domotico o biotico? Funzionerà a partire da un computer e ci invaderà con le sue iperfrequenze, oppure sarà biotico?

Si baserà su concezioni “vecchie come il mondo” in cui l’uomo, la sua abitazione e l’ambiente saranno una cosa sola che permetterà all’essere umano di accedere a energie sottili in armonia con l’universo.

Ogni essere equilibrato aspira a una simile evoluzione. Confidiamo nell’avvenire e nell’evoluzione umana.

CONCLUSIONE

Sono arrivata alla fine di questo libro, ma non dell'argomento della geobiologia, ovviamente.

In esso abbiamo affrontato tutte le nocività che possono perturbare l'essere umano nel suo habitat.

Era per me necessario e imperativo fornire queste informazioni, a fini di prevenzione in materia di salute ma senza creare uno stato di panico.

A questo punto il lettore è più consapevole e può guardare con occhi nuovi all'importanza di scegliere bene la propria abitazione.

Siamo ormai in possesso di conoscenze ed elementi che possono aiutarci a migliorare e trasformare la nostra dimora, nonché assicurarci un maggior benessere.

La geobiologia ci ha portato nuove scoperte e nuovi metodi per proteggerci.

Il suo obiettivo può essere sintetizzato in una parola: "armonizzazione".

Affidiamoci all'ingegnosità dei ricercatori: tutto sarà tentato per pervenirvi.

Vi auguro di trovare il luogo in cui voi e i vostri cari potrete vivere in armonia e gioia, permettendovi di prosperare…

INDIRIZZI UTILI

Construire en chanvre chez Interchanvre
20 rue Paul-Ligueul - 72000 Le Mans - Tel. : 02 43 51 15 05

Matériaux d'autrefois – Tavarès
6 rue Émile-Zola - 86530 Nantie - Tel. : 05 49 90 15 32

Alpes Eco Matériaux
Z.A de la Grande Chantourne
38330 Saint-Nazaire-les-Eymes - Tel. : 09 73 62 27 40

ECOFA
Purificateur d'eau par osmose inversée
67650 Dambach-la-Ville - Tel. : 03 88 92 49 92

Holista Créations
www.holista-creations.com

Energy's stones
Médaillons énergétiques - www.energysstones.com

Ataraxya
www. ataraxya.com

Per l'Italia, è possibile trovare informazioni sugli argomenti trattati nel libro consultando vari siti.

Informazioni generali

www.geobiologia.it

Usi edilizi della canapa e materiali ecosostenibili

www.architetturaecosostenibile.it
www.casa-naturale.com

Vernici ecologiche e pitture naturali

www.greenme.it/abitare/eco-fai-da-te/1253-le-vernici-ecologiche#accept
www.edilportale.com/prodotti/intonaci-vernici-e-collanti/pitture-vernici-e-protettivi/vernici-e-pitture-ecologiche-per-la-bioedilizia/188

BIBLIOGRAFIA

Alexandre Rémi, *Votre lit est-il à la bonne place ?*, K'A, 1981 (trad. it. *Geobiologia*, Red Edizioni, Milano, 2006).

Bonvin Jacques, *La Forme et la pierre - Triskel, Pierre de vie*, Éditions Mosaïque Santé, Donnemarie-Dontilly, 1999.

Collin Jacques, *L'insoutenable vérité de l'eau,* Guy Trédaniel, Parigi, 1997.

Coquelle Dominique, *Le Pendul'Or,* Éditions Trajectoire, Escalquens, 1999.

Coquelle Dominique, *L'antenne de Lecher,* Éditions Trajectoire, Escalquens, 1996.

Foye (de la) Jean, *Ondes de vie, ondes de mort,* Robert Laffont, Parigi, 1975.

Labussière Alain, *Guide pratique des dessins agissants,* Éditions Labussière, Tournus, 2005.

Lafforest (de) Roger, *Les Maisons qui tuent,* Robert Laffont, Parigi, 1972.

Lafforest (de) Roger, *L'arme absolue, la prière,* Robert Laffont, Parigi, 2001.

Martel Ghislaine D., *Cristal de quartz, véhicule de lumière,* Éditions de Mortagne, Boucherville (Canada), 1990.

La Maya Jacques, *Médecine de l'habitat,* Éditions Dangles, Parigi, 1999.

Nobis, J.-C., *Dictionnaire d'application des couleurs,* Holista Éditions, 2004.

Servranx (frères), *Cours de radionique*, Éditions Servranx, Ixelles (Belgio), 1995.

NUOVA EDIZIONE A COLORI
MARKUS SCHIRNER
I MONDI DEL PENDOLO
EDIZIONI IL PUNTO D'INCONTRO

MARKUS SCHIRNER
I MONDI DEL BIOTENSOR
Manuale pratico di radiestesia e geobiologia per leggere e captare l'energia

Maxwell Gilligham-Ryan
APARTMENT
THERAPY
Come portare equilibrio,
salute e benessere
nei propri spazi
EDIZIONI IL PUNTO D'INCONTRO

Wu Xing
IL MANUALE
DEL FENG SHUI
Come far fluire l'energia
negli ambienti in cui viviamo

Lillian Too
SPACE
CLEARING
168 tecniche
Feng Shui
per eliminare il disordine
dalla tua casa
e dalle tue emozioni
EDIZIONI IL PUNTO D'INCONTRO

Brooks Palmer
COME LIBERARSI
DAL SUPERFLUO
E VIVERE FELICI
Lascia fluire nuove energie
eliminando il disordine e le
vecchie cose inutilizzate
EDIZIONI IL PUNTO D'INCONTRO

Sabine Gstöttenmayer
PIÙ NATURA
IN CASA
L'ambiente domestico ieri e oggi:
manuale pratico per tutta la famiglia
CONSIGLI, RICETTE, TRADIZIONI
EDIZIONI IL PUNTO D'INCONTRO

Karyn Siegel-Maier
CASA PULITA
NATURALMENTE
101 ricette facili, sicure, non inquinanti
PER L'IGIENE DELLA VOSTRA CASA
EDIZIONI IL PUNTO D'INCONTRO

Rachel Frély
INGREDIENTI
PERICOLOSI
Guida ai veleni della vita quotidiana
Alimenti, indumenti, cosmetici e prodotti per l'igiene personale, giocattoli, detergenti, prodotti per bricolage e giardinaggio
EDIZIONI IL PUNTO D'INCONTRO

Anna Maria Clement
e Brian Clement
MEGLIO
NUDI CHE
INQUINATI
Come difendersi dalle
insidie nascoste nei capi di
abbigliamento e nei tessuti
EDIZIONI IL PUNTO D'INCONTRO

Rachel Frély
POLLICE GREEN
Prodotti e soluzioni naturali contro parassiti e malattie per la cura di orti e giardini
EDIZIONI IL PUNTO D'INCONTRO

Donatella Caprioglio
NEL CUORE DELLE CASE
Viaggio interiore tra case e spazi mentali
EDIZIONI IL PUNTO D'INCONTRO

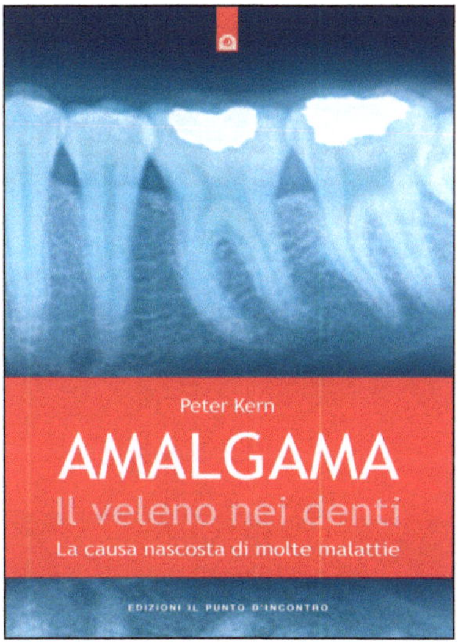
Peter Kern
AMALGAMA
Il veleno nei denti
La causa nascosta di molte malattie
EDIZIONI IL PUNTO D'INCONTRO

Luca Fortuna
DISINTOSSICARSI
da
METALLI PESANTI,
TOSSINE e INQUINANTI
EDIZIONI IL PUNTO D'INCONTRO

Manfred B. Hartmann
I MONDI DEL RABDOMANTE
Manuale pratico di radioestesia
per principianti ed esperti
NUOVA EDIZIONE
EDIZIONI IL PUNTO D'INCONTRO

AMY LEIGH MERCREE
LA CASA CHE GUARISCE
Guida pratica stanza per stanza
alle vibrazioni positive
Manifesta la vita
dei tuoi sogni
in una casa sana e felice
EDIZIONI IL PUNTO D'INCONTRO

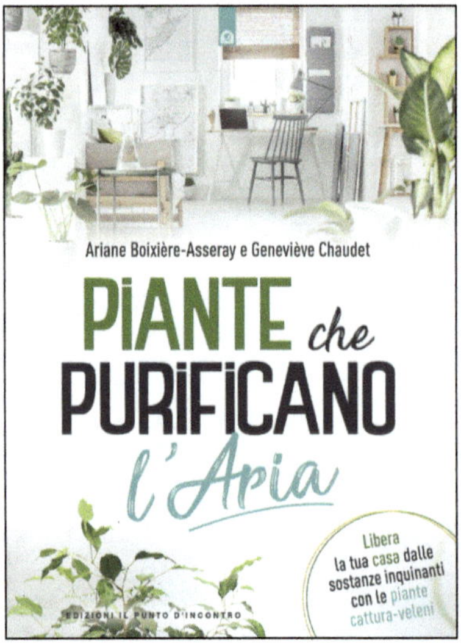
Ariane Boixière-Asseray e Geneviève Chaudet
PIANTE che PURIFICANO l'Aria
Libera
la tua casa dalle
sostanze inquinanti
con le piante
cattura-veleni
EDIZIONI IL PUNTO D'INCONTRO

Malte Rubach
Il magico
POTERE DEL RIORDINO IN CUCINA
Una vita più sana e consapevole
passa anche dall'ordine in cucina
Impara a tenere
sotto controllo frigo
e dispensa, per mangiare
meglio, ridurre gli sprechi
e contribuire a salvare
il pianeta

Edizioni Il Punto d'Incontro
www.edizionilpuntodincontro.it